驻马店市水资源

主　编　李贺丽　孙园园　金　玲
副主编　冯前进　邱怡君　李　旭　蒋奇锦
　　　　孙孟薇　汪海洋　黄素琴

U0268936

黄河水利出版社

· 郑 州 ·

内 容 提 要

本书是根据全国第三次水资源调查评价成果,在明晰水资源概念的基础上,建立由水资源影响因素、水资源状态及变化、水资源开发利用、水生态等多项指标组成的评价指标体系和量化方法,对驻马店市水资源进行系统全面的分析评价。

本书可供从事水文资源及水利方面工作的技术人员阅读参考。

图书在版编目(CIP)数据

驻马店市水资源/李贺丽,孙园园,金玲主编. —郑州:黄河水利出版社,2024.3

ISBN 978-7-5509-3855-7

Ⅰ.①驻… Ⅱ.①李… ②孙… ③金… Ⅲ.①水资源-概况-驻马店 Ⅳ.①TV211

中国国家版本馆 CIP 数据核字(2024)第 066407 号

策划编辑:张倩　　　　电话:13837183135　　　　QQ:995858488

责任编辑	文云霞	责任校对	张　倩
封面设计	黄瑞宁	责任监制	常红昕

出版发行　黄河水利出版社

地址:河南省郑州市顺河路 49 号　邮政编码:450003

网址:www.yrcp.com　E-mail:hhslcbs@ 126.com

发行部电话:0371-66020550

承印单位　河南新华印刷集团有限公司

开　　本　787 mm×1 092 mm　1/16

印　　张　7

字　　数　200 千字

版次印次　2024 年 3 月第 1 版　　　　2024 年 3 月第 1 次印刷

定　　价　58.00 元

前　言

　　水资源作为自然资源的重要组成部分,不仅是人类赖以生存和发展的重要物质基础,而且是维系生态系统的基本要素。为保障水资源的科学利用和有效保护,防治水环境灾害,促进经济社会可持续发展,掌握水资源时空分布及演变规律就十分必要。

　　本书在全国第三次水资源调查评价的基础上,系统分析了驻马店市降水、蒸发、地表水资源、地下水资源、水资源可利用量及水资源开发利用的时空分布状况及其演变特征。全面摸清了驻马店市60余年来水资源情势,把握了2010年以来水资源开发利用的新变化,分析了水资源演变规律,提出了全面、真实、准确、系统的评价成果,为满足新时期水资源管理、健全水安全保障体系、促进经济社会可持续发展和生态文明建设奠定基础。

　　本书共分为9章,主要内容包括概况、降水、蒸发、地表水资源、地下水资源、水资源总量及可利用量、水资源开发利用、水生态调查评价、水资源综合评价。本书可供从事水文水资源及水利方面工作的技术人员阅读参考。

　　本书由李贺丽、孙园园、金玲担任主编,冯前进、邱怡君、李旭、蒋奇锦、孙孟薇、汪海洋、黄素琴负责资料的收集整理及部分内容编写。具体编写分工如下:第1章由李贺丽、冯前进编写;第2章由金玲、邱怡君、蒋奇锦编写;第3章由金玲、李旭、冯前进编写;第4章由孙园园、汪海洋、孙孟薇编写;第5章由李贺丽、蒋奇锦、黄素琴编写;第6章由李贺丽、孙园园、冯前进编写;第7章由李贺丽、金玲、邱怡君编写;第8章由孙园园、冯前进、李旭编写;第9章由李贺丽、孙园园、金玲编写。全书由李贺丽负责统稿。

　　由于水资源涉及面广、分析评价技术性强、内容较多,加之编者水平有限,本书内容不足之处难免存在,恳请专家学者及广大读者提出宝贵意见和建议。

编　者

2023 年 10 月

目　录

第 1 章 概 况

1.1 自然地理

1.1.1 地理位置

驻马店市位于河南省东南部,东部与安徽省的阜阳市接壤,西部与南阳市相连,北部与周口市、平顶山市、漯河市为界,南部与信阳市毗邻。地处东经 113°10′~115°12′,北纬 32°18′~33°35′,东西长 191.5 km,南北宽 137.5 km,现辖驿城区、西平县、遂平县、上蔡县、汝南县、正阳县、新蔡县、平舆县、泌阳县、确山县共 1 区 9 县,总面积 15 095 km²。

1.1.2 地形地貌

驻马店市西高东低,西部是桐柏山和伏牛山余脉,最高点是泌阳的白云山,海拔 983 m,其他 440 多座山峰海拔在 300~900 m。

驻马店市主要有山地、丘陵、岗地、平原等地貌类型。山地包括豫南桐柏山向西北延伸的余脉和豫西伏牛山向东延伸的余脉,主要分布于泌阳县及确山、遂平、西平 3 县的西部,山地面积为 1 950 km²,占全市土地总面积的 12.9%。

平原主要包括汝南、平舆、上蔡、新蔡、正阳 5 县和西平、遂平、确山 3 县的东部,面积为 10 359 km²,占全市总面积的 68.6%。其地势西高东低,微向东南倾斜,海拔在 32~100 m,地面平均坡降 1/5 000~1/8 000。新蔡县东部海拔仅 32 m,是全市最低洼地带。

山地和平原之间分布着面积为 2 786 km² 的丘陵和岗地,占全市土地总面积的 18.5%。其中,丘陵面积 1 642 km²,岗地面积 1 144 km²。

1.1.3 土壤植被

驻马店市地形复杂,母岩、母质多种多样,植物种类繁多,形成了各种不同类型的土壤。西部为山地、丘陵、岗地区,黄棕壤、粗骨土、石质土等地带性土壤呈复合镶嵌分布;中南垄岗丘陵区,黄棕壤和粗骨土犬牙交错分布。在冲积平原上,地势较平坦,受河流和地下水的影响,分布着砂姜黑土、潮土、水稻土等非地带性土壤。

黄棕壤集中分布在泌阳、确山 2 县,其他县随着地势的差异有零星分布。黄棕壤是本区的地带性土壤,占总土壤面积的 42.26%,是驻马店市主要的农林用地。

粗骨土、石质土集中分布在泌阳、确山、遂平、四平 4 县的山地及丘陵区,占总土壤面积的 12.42%,是发展林牧业的重要基地。

砂姜黑土集中分布在驻马店市东部、北部的河间洼地和湖坡地上。以新蔡县、平舆县、上蔡县面积最大,其他县均有零星分布。由于母质来源及水文地质条件的差异,砂姜黑土石灰反应不一,既存在有无之别,又有强弱之分。有石灰反应的灰质砂姜黑土主要分布在驻马店北部的西平、上蔡2县,占砂姜黑土总面积的4.95%。其余均为砂姜黑土。砂姜黑土面积占总土壤面积的32.66%,是驻马店市主要的农业生产基地。

潮土集中分布在各主要河流的两岸及古河道阶地上,呈条状分布。由于母质来源不同,潮土可分为潮土和灰潮土两种类型。有石灰反应的潮土主要分布在北部西平县的盆尧和上蔡县的百尺,面积占潮土面积的3.9%;其余均为无石灰反应的灰潮土。潮土占总土壤面积的11.62%。

水稻土集中分布在正阳、确山2县的南部,二汝南、泌阳也有点、片分布,占总土壤面积的1.2%。

驻马店市境内有乔木、灌木植物59科214种。其中,森林植被集中分布在确山县、泌阳县和遂平县、西平县的部分山区。确山、泌阳2县集中分布在以北、中、南三条山脉为中心的三个区域。北部以韭菜皮为中心,中部以白云山、千年岭、大罗山为中心,南部以盘古山、狼头寨为中心。东部平原地区主要是“四旁”植树和少数农田林网。在海拔500 m以下多分布栎类落叶阔叶林、马尾松和灌丛等,海拔500 m以上分布着部分油松和少数杂木。

森林植被主要有麻栎、青冈栎、栓皮栎、马尾松、黑松、油松、火炬松、湿地松、刺槐、国槐、毛白杨、沙兰杨、加杨、大官杨、柳树、榆树、五角枫、水杉、落羽杉、池杉、侧柏、泡桐、枫杨、楸树、臭椿等。

主要经济树种有梨、苹果、桃、杏、枣、板栗、核桃、柿子、油桐、乌桕等。

竹类主要有桂竹、淡竹、慈竹、毛竹、青皮竹等。

主要灌木植物有黄栌、鼠李、黄荆、山楂、棠梨、黄檀、白蜡条、紫穗槐、杞柳等。

主要藤本植物有山葡萄、葛藤、猕猴桃等。

主要草本植物有茅草、白草、羊胡子草、黄百草、蒿类、芦苇、蒺藜、荠菜、蒲公英、牵牛花等。

主要粮食作物有小麦、大豆、玉米、高粱、水稻、红薯、豌豆、扁豆、红豆、小豆、绿豆、谷子等。

主要经济作物有芝麻、油菜、花生、棉花、烟叶、麻类等。

主要蔬菜有白菜、萝卜、芹菜、土豆、黄瓜、冬瓜、南瓜、大葱、大蒜、番茄、茄子、韭菜、豆角、姜等。

中药材约有310种,目前进入市场的有热参、柴胡、防风、天门冬、半夏、丹参、山楂、何首乌、天南星、香附子、白芍、白芨、金银花、夏枯草、车前子、杜仲、枳壳、瓜蒌、百合、山药、苍术、良姜等。

1.2　水文气象

1.2.1　气候特征

驻马店市处于由亚热带向暖温带的过渡区,属大陆性季风气候,其主要气候特点是:

季风明显,四季分明,温湿适中,雨热同季。春季骤冷骤热,常有低温阴雨;夏季初期易旱,中后期常暴雨成灾;秋季气温陡降,深秋旱涝不定;冬季不甚寒冷,雨水明显减少。

驻马店市 1956—2016 年系列多年平均降水量 894.6 mm,受季风气候的影响,降水时空分布不匀,年内降水多集中在汛期(6—9 月),汛期降水量占全年降水量的 60%。降水的分布受地形影响,由西向东、由南向北逐渐递减。降水量年际变化较大,最大年降水量为 1 378.0 mm(1975 年),最小年降水量为 486.8 mm(1966 年),最大年降水量与最小年降水量比值为 2.83。年平均气温 15.0 ℃,年际气温差异小,一般为 1.0 ℃左右。极端最高气温历年多在 38 ℃以上,少数年份可达 40~41 ℃;极端最低气温多在-10 ℃以下。全年无霜期 220~230 d,光能资源丰富,年平均太阳辐射总量 112~120 kcal/cm²,年平均日照时数 2 000~2 200 h。

驻马店市多年平均年蒸发量 876.6 mm,各县(区)年蒸发量在 842.1~933.1 mm,平舆县最大,为 933.1 mm;遂平县最小,为 842.1 mm。年内蒸发量较大的月份有 5 月、6 月、7 月、8 月,月蒸发量超过 100 mm;年内蒸发量较小的月份有 1 月、2 月、12 月,月蒸发量小于 40 mm。

1.2.2 河流水系

驻马店市分属淮河、长江两大流域,淮河流域面积占全市总面积的 89%,淮河主要干流汝河、小洪河东西横贯全境,水系发达,支流纵横,是淮河上游重要的发源地。

驻马店市大部分属淮河流域王家坝以上洪汝河水系,东北角和西南角有两小片属沙颍河水系和唐白河水系。

全市流域面积在 5 000 km² 以上的河流有洪河和汝河 2 条;流域面积在 1 000~5 000 km² 的河流有 4 条,分别为小洪河、北汝河、臻头河和泌阳河;流域面积在 500~1 000 km² 的河流有 3 条;流域面积在 100~500 km² 的河流有 50 条。

1.2.2.1 洪汝河水系

洪河、汝河是淮河上游北岸的主要支流,洪河、汝河在新蔡县班台交汇,总流域面积为 12 380 km²,占全市总面积的 82%。在班台以上洪河称小洪河,在班台以下洪河称大洪河。

1. 小洪河

小洪河是驻马店市主要的防洪排涝河道,也是淮河的主要支流之一,发源于舞钢市境内伏牛山脉的龙头山,流经舞钢市、西平县、上蔡县、平舆县、新蔡县,在新蔡县班台与汝河交汇后入大洪河,河道总长 251 km,流域面积 4 287 km²。据新蔡水文站资料,多年平均径流量为 8.65 亿 m³。主要支流有淤泥河、杨岗河、小清河、龙口大港等。

2. 汝河

汝河是驻马店市主要的防洪排涝河道,发源于泌阳县境内伏牛山脉的五峰山,流经泌阳县、驿城区、遂平县、汝南县、平舆县、正阳县和新蔡县,在新蔡县班台与小洪河汇合后入大洪河,河道总长 223 km,流域面积 7 362 km²。据班台水文站资料,汝河多年平均径流量为 15.67 亿 m³。主要支流有臻头河、练江河、北汝河、文殊河、慎水河等。

3. 大洪河

大洪河流经河南省新蔡、淮滨,安徽省临泉、阜南 4 个县,在安徽省阜南县王家坝附近汇入淮河干流。大洪河流域面积 640 km²,河道总长 73.4 km。

4.洪河分洪道

洪河分洪道在大洪河左岸,分洪道柳树庄以上属河南省新蔡县,柳树庄至田湾段以分洪道为界,左岸属安徽省,右岸属河南省,田湾以下属安徽省,分洪道在张岗附近注入蒙河分洪道,河道总长 71 km,流域面积 91 km²。分洪道于 1958 年开辟修建而成,并修建了班台分洪闸,"75·8"大水时被迫炸毁班台闸行洪,2005 年大洪河治理时复建了班台闸,10年一遇设计最大分洪流量 800 m³/s,20 年一遇设计最大分洪流量 920 m³/s。

1.2.2.2 沙颍河水系

驻马店市境内的沙颍河水系主要是黑河及其支流,黑河发源于漯河市东南,从堰城的坡小庄流入上蔡县,由上蔡县东部杨集乡相湾村进入周口市后称泥河,在周口市境内汇入汾泉河,黑河在驻马店市境内的流域面积为 624 km²。

1.2.2.3 唐白河水系

唐白河水系属于长江流域的汉江水系。在驻马店市境内的主要河流是泌阳河,据泌阳水文站资料,多年平均径流量为 1.69 亿 m³。泌阳河发源于白云山东麓,由东向西流经泌阳县的 7 个乡(镇),从泌阳县的赊湾出境,进入南阳市汇入唐白河,在泌阳县境内的流域面积为 1 634 km²。

1.3　行政区划与社会经济

1.3.1　行政区划

本次水资源调查评价统一采用截至 2016 年 12 月 31 日我国最新行政区划及相应编码。全市 9 县 1 区共 10 个县域单元,见表 1-1。

表 1-1　驻马店市政区划及编码

编码	市级	编码	县级
411700	驻马店市	411702	驿城区
		411721	西平县
		411722	上蔡县
		411723	平舆县
		411724	正阳县
		411725	确山县
		411726	泌阳县
		411727	汝南县
		411728	遂平县
		411729	新蔡县

1.3.2　社会经济

驻马店市是河南省面积较大、人口较多的省辖市,2016 年全市总人口 911.43 万人,其中常住人口 698.54 万人;国内生产总值 1 967.89 亿元,工业增加值 668.81 亿元,粮食总产量 745.6 万 t。

1.4　水利工程与水文站网

1.4.1　主要水利工程

驻马店市共有大、中、小型水库 182 座,其中大型水库 4 座(宿鸭湖、板桥、薄山和宋家场)、中型水库 10 座、小型水库 168 座,总库容 32.345 亿 m³(其中大型水库 29.51 亿 m³,中型水库 2.00 亿 m³),兴利库容 9.61 亿 m³(其中大型水库 8.466 亿 m³,中型水库 0.814 5 亿 m³);全市共有塘堰坝 5 436 座,总库容 1.178 5 亿 m³。

1.4.1.1　宿鸭湖水库

宿鸭湖水库位于淮河流域洪汝河水系汝河干流上,水库坝址位于驻马店市汝南县,是亚洲面积最大的平原人工水库,有“人造洞庭”之美誉,地理坐标为东经 114°12′~114°35′,北纬 32°53′~33°635′,南北长 35 km,东西宽 15 km。控制流域面积 4 498 km²(含上游薄山水库 580 km²、板桥水库 768 km²),多年平均来水量 10.81 亿 m³。

宿鸭湖水库是一座以防洪、灌溉为主,结合发电、养殖等综合利用的大型水利枢纽工程,于 1958 年建成拦洪蓄水。水库建成后,在防洪、灌溉等方面发挥了很大作用,但由于设计防洪标准偏低,于 1986 年 4 月至 1990 年底进行了除险加固,2009—2013 年又一次进行了除险加固。除险加固后水库设计防洪标准为百年一遇,校核标准为千年一遇,汛限水位 52.50 m,兴利水位 53.00 m,总库容 16.38 亿 m³。

1.4.1.2　板桥水库

板桥水库位于淮河流域洪汝河水系汝河上游,水库坝址位于河南省泌阳县板桥镇,控制流域面积 768 km²,多年平均来水量 2.42 亿 m³。该水库是一座以防洪、灌溉为主,结合发电、养殖、城市供水等综合利用的大型水利枢纽工程。

板桥水库于 1951 年始建,1956 年扩建加固,1975 年 8 月垮坝失事。1977 年水电部以〔1977〕水电规字 47 号文批准水库复建工程扩大初步设计,1978 年开工,1981 年工程停缓,1986 年再次进行复建,1993 年竣工验收。复建后大坝坝顶高程 120.0 m,防浪墙顶高程 121.5 m。水库设计防洪标准为百年一遇,校核标准为可能最大洪水(PMF),相应库水位分别为 117.50 m、119.35 m,相应库容分别为 5.53 亿 m³、6.75 亿 m³,汛限水位 110.00 m,兴利水位 111.50 m,总库容 6.75 亿 m³。

1.4.1.3　薄山水库

薄山水库位于淮河流域洪汝河水系汝河上游,水库坝址位于河南省确山县任店乡,控制流域面积 580 km²,多年平均来水量 1.8 亿 m³。该水库是一座以防洪、灌溉为主,结合发电、养殖、城市供水等综合利用的大型水利枢纽工程。

薄山水库于 1952 年 11 月兴建,1954 年 5 月建成。由于防洪安全标准偏低,水库进行过三次除险加固,第一次是 1956 年,大坝加高 2.75 m,总库容从 2.84 亿 m³ 增至 4.1 亿 m³,第二次是 1975 年 8 月洪汝河发生特大暴雨洪水后,第三次是 2011 年完成除险加固。除险加固后坝顶高程 130.00 m,水库设计防洪标准为百年一遇,校核标准为可能最大洪水(PMF),相应库水位分别为 112.10 m、128.20 m,相应库容分别为 4.15 亿 m³、6.20 亿 m³,汛限水位 113.80 m,兴利水位 116.60 m,总库容 6.20 亿 m³。

1.4.1.4　宋家场水库

宋家场水库位于长江流域唐白河水系泌阳河上游,水库坝址在河南省泌阳县高邑乡,控制流域面积 186 km²,多年平均来水量 0.56 亿 m³。该水库是一座以防洪、灌溉为主,结合发电、养殖、城市供水等综合利用的大型水利枢纽工程。

宋家场水库于 1959 年始建,1969 年完工,到 1969 年,大坝坝顶高程达 190.65 m,达到 500 年一遇校核标准。从 1975 年开始到 1983 年水库经过两次续建,提高水库设计标准。2012 年又一次进行除险加固,除险加固后大坝坝顶高程 191.10 m,防浪墙顶高程 192.10 m;水库设计防洪标准为百年一遇,校核标准为万年一遇,相应库水位分别为 187.46 m、190.04 m,相应库容分别为 0.94 亿 m³、1.32 亿 m³,汛限水位 185.60 m,兴利水位 186.50 m,总库容 1.32 亿 m³。

1.4.2　水文站网

水文站网包括河道水文站、水库水文站、雨量站、地下水观测井、水质监测等。全市共设立河道水文站 13 处,水库水文站 5 处。自动水位雨量站 52 处(含水文站),自动雨量站 320 个,专用墒情站 10 处;常规地下水观测井 91 眼,地下水自动观测井 60 眼;水质监测断面 22 个,一级水功能区和二级水功能区合计 44 个(含排污控制区 10 个),水质化验室 1 个。

1.5　水资源分区及计算汇总单元

1.5.1　水资源分区

驻马店市属淮河和长江两大流域,按水资源分区划分,共涉及 2 个水资源一级区、3 个水资源二级区、3 个水资源三级区、5 个水资源四级区。驻马店市水资源分区见表 1-2。

表 1-2　驻马店市水资源分区

一级区	二级区	三级区	四级区	四级区面积/km²
淮河区	淮河上游(王家坝以上)	王家坝以上北岸	洪汝河山丘区	2 991
			洪汝河平原区	7 966
			淮洪区间	1 542
	淮河中游(王家坝至洪泽湖出口)	王蚌区间北岸	沙颍河平原	963
长江区	汉江	唐白河	唐河	1 633

1.5.2　计算汇总单元

水资源分区按照全国统一的分区进行,流域与行政区有机结合,保持行政区域和流域分区的统分性、组合性与完整性,并充分考虑水资源管理的要求。水资源分区评价成果单元包括一级水资源区、二级水资源区、三级水资源区、四级水资源区,行政分区评价成果单元包括省级行政区、市级行政区和县级行政区。本次水资源调查评价成果汇总单元为水资源四级区套市级行政区及县级行政区。全市共形成 4 个水资源四级区套 10 个县级行政区计算单元,见表 1-3。

表 1-3 驻马市水资源四级区套县级行政区计算单元

序号	水资源四级区	市级行政区	县级行政区	面积/km²
1	洪汝河山丘区 (2 991 km²)	驻马店市	驿城区	725
2			西平县	86
3			确山县	1 068
4			泌阳县	721
5			遂平县	391
6	洪汝河平原区 (7 966 km²)	驻马店市	驿城区	500
7			西平县	1 004
8			上蔡县	897
9			平舆县	1 218
10			正阳县	662
11			确山县	318
12			汝南县	1 502
13			遂平县	680
14			新蔡县	1 185
15	淮洪区间 (1 542 km²)	驻马店市	正阳县	1 227
16			确山县	315
17	沙颍河平原 (963 km²)	驻马店市	上蔡县	632
18			平舆县	63
19			新蔡县	268
20	唐河(1 633 km²)	驻马店市	泌阳县	1 633

1.6 主要内容及技术路线

1.6.1 主要内容

水资源数量:分别按照 1956—2016 年和 1980—2016 年两个系列资料开展降水、蒸发、径流、地表水资源量等评价;按照 2001—2016 年系列资料开展地下水资源量评价;分析地表水、地下水的转换关系,开展水资源总量和水资源可利用量评价。

水资源开发利用状况:统计2001—2016年水资源开发利用基础数据,开展各主要供水水源供水量评价,各行业用水量与耗损量分析评价。

水资源综合分析评价:总结流域和区域气候与下垫面变化,分析水文循环特点和水资源时空变化态势,评价水资源演变情势;总结流域和区域近期水资源开发利用历程,分析用水水平和用水效率,评价经济社会发展对水资源系统的压力;总结流域和区域水环境状况变化态势,分析水环境损害情况、水环境负荷;总结流域和区域水生态状况及其变化,分析水生态挤占程度,评价水生态总体演变态势。

1.6.2 技术路线

水资源分析评价主要包括基础资料收集整理,数据补充监测,资料复核、分析、检验、检查,单项评价,协调平衡与结果修正,方法与机制研究,综合评价,信息技术平台支撑等环节。各环节既相互独立,又必然联系,环节与环节之间相互影响和反馈,形成完整的技术流程。

基础数据的收集整理,充分利用已有成果和现有规划、公报等统计结果,原则上以整合历史及现有数据为主,对于现状数据不足、对系列连续性和一致性有要求的,可适当开展补充监测。在计算时进行资料的分析与预处理、合理性分析等,包括对观测系列资料进行插补、延长、还原、修正等,并对不同口径调查统计资料进行分析与整合,形成完整的资料基础。

各单项评价应充分利用已有工作基础,以复核、延伸、综合分析为主,围绕核心内容开展工作。水资源数量评价重点进行水资源系列的还原与现状下垫面的一致性修正,以及水资源可利用量的分析确定;水资源质量评价重点集中在近几年总体水质现状和变化趋势分析;开发利用评价重点为近年来供用水特点和变化态势,耗损量尤其是非用水消耗量的分析确定;污水及污染物分析重点在采用科学、合理的方法估算入河量,同时具有一定程度的覆盖面;水生态评价重点分析生态演变态势与经济社会发展用水引发的生态环境问题。

汇总协调平衡根据各评价项目和具体要素之间的内在关联,重点是地表水和地下水,还原量与耗损量,"供、用、耗、排",污水与污染物运移,开发利用与生态挤占等因素之间的平衡关系,进行水量平衡分析,对各项评价结果提供合理性分析。审核各层次单元之间、行政分区与流域分区之间的协调关系。

综合评价重点针对水循环特点、资源禀赋条件、水资源与水生态情势的整体演变、经济社会发展对水资源系统的总体荷载强度与变化等问题,有机耦合各要素评价结果,形成兼具系统性、规律性、趋势性和展望性的综合评价结论。

第 2 章 降 水

分析评价驻马店市 1956—2016 年系列降水量和 1980—2016 年系列降水量。

2.1 基础资料

2.1.1 现有资料概况

驻马店市总面积 15 095 km²,分属淮河、长江两大流域,其中平原区面积 13 462 km²,山丘区面积 1 633 km²。全市范围内分布 366 个雨量观测站点,经过对资料的全面梳理、摸底排查,发现能满足三次评价要求的站点不足 70 个,需要驻马店市相邻市和相邻省份提供部分水文资料作为补充数据,先后收集到上述单位 7 个满足评价要求的单站资料,此外筛选具有 45 年以上系列资料且具有代表性的站点,经过插补延长处理作为补充站点使用。

2.1.2 雨量站点确定

2.1.2.1 选站原则

根据驻马店市地形、地貌特点及现有雨量站分布密度,选择资料质量可靠,系列长度完整,面上分布均匀且在降水量空间变化梯度大的山丘区尽可能加大选用雨量站的密度,对于降水量变化梯度较小的平原区,主要考虑其站点分布的均匀性。在此选站原则下,首先,对于驻马店市第一次评价、第二次评价选用雨量站,除非撤站,本次评价尽量选用,对于个别缺月、少年的站点,全部插补延长补齐数据后正常使用,这样的站点有近 14 个;其次,超过 45 年以上质量可靠、系列完整的站点,经过插补延长可以选用;最后,有蒸发观测项目的站点优先选用。

2.1.2.2 选站个数

筛选补齐后的驻马店市第一次评价、第二次评价选用的雨量站共计 56 个。20 世纪 60 年代后期建站,系列年份超过 45 年的站点有 27 个。

经过插补延长资料整合,最终确定参加本次评价分析雨量站驻马店市统管站点 66 个,其中南阳市 1 个,信阳市 1 个,漯河市 1 个,周口市 1 个,相邻安徽省统管站点 3 个。本次评价全市共选用雨量站 73 个(代表站 14 个)。平均站网密度 206.8 km²/站,较二次评价提高了 20.6%。

选用雨量站淮河流域 64 个,长江流域 9 个。长系列雨量站共 13 个,遂平站最长资料系列为 84 年(实测系列年数 77 年),最短实测系列年数蔡埠口站为 46 年。驻马店市各流域降水、蒸发第二、三次评价选用站情况见表 2-1。

表 2-1　驻马店市各流域评价选用站统计

流域名称	水资源三级区	雨量站/个			蒸发站/个		
		三评站数	二评站数	三评与二评站数变化	三评站数	二评站数	三次评价与二次评价站数变化
淮河	王家坝以上北岸区北岸	61	49	12	14	13	1
	王蚌区间北岸	3	3	0			
	流域合计	64	52	12			
长江	唐白河	9	8	1	2	1	1
合计		73	60	13	16	14	2

2.1.3　长系列雨量站

此次长系列代表站与二次评价选用站点一致,选取遂平(84 年)、新蔡(87 年)、正阳(84 年)、泌阳(87 年)4 个站点。分析计算长系列统计参数(均值、C_v 值、C_s/C_v 值)及不同频率(P = 20%、50%、75%、95%)年降水量,通过长短系列特征值和丰枯年数组成的对比分析,评价 1956—2016 年和 1980—2016 年年降水量同步期系列的代表性。

2.2　统计参数分析确定

降水量统计参数包括多年平均降水量、变差系数 C_v 和偏态系数 C_s。按照本次评价大纲要求需要统计全部选用的 73 个雨量站 1956—2016 年、1956—2000 年、1980—2016 年 3 个系列多年平均年降水量及年降水量变差系数 C_v 值。

单站多年平均降水量采用算术平均法计算,C_v 值采用矩法计算,频率曲线采用 P-Ⅲ型线型,适线时适当调整。C_s/C_v 值基本采用 2.0,不排除个别站点适线困难采用 2.5 和 3.0。适线照顾大部分点据,但主要按平水、枯水年份的点据趋势定线,对系列中特大、特小值不作处理。

2.3　系列代表性分析

选取具有 80 年以上降水系列资料的遂平(84 年)、新蔡(87 年)、正阳(84 年)、泌阳(87 年)4 个长系列雨量代表站,东西南北均匀分布于驻马店市。分析 1956—2016 年同步期降水量的偏丰、偏枯程度和年降水量统计参数的稳定性,多年系列丰枯周期变化情况,综合评判 1956—2016 年同步期降水量系列的代表性。与二次评价选站一致,可确保系列分析的一致性。

2.3.1 统计参数稳定性分析

以长系列末端 2016 年为起点,以年降水量逐年向前计算累积平均值为逐年值,分别绘制遂平站、新蔡站、正阳站、泌阳站年降水量逆时序逐年累积过程线,分析 1956—2016 年同步期年降水量的偏丰、偏枯程度和年降水量统计参数的稳定性,研究多年系列丰枯周期变化情况,以综合评判 1956—2016 年降水量系列的代表性,见图 2-1~图 2-4。

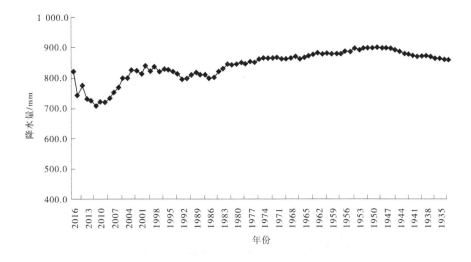

图 2-1 遂平站年降水量逆时序逐年累积平均过程线

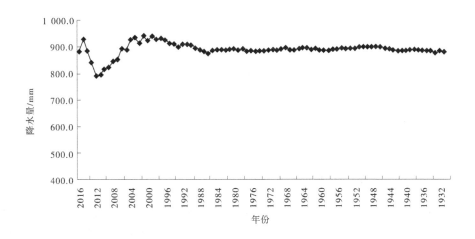

图 2-2 新蔡站年降水量逆时序逐年累积平均过程线

从图 2-1~图 2-4 中可以看出,年降水量逆时序逐年累积平均过程线随年序变化,其变幅愈来愈小,点据折线趋于稳定的时间,遂平站为 34 年,新蔡站为 32 年,正阳站为 26 年,泌阳站为 36 年。

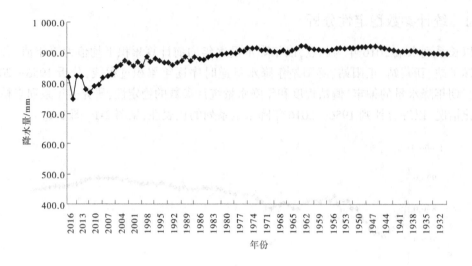

图 2-3 泌阳站年降水量逆时序逐年累计平均过程线

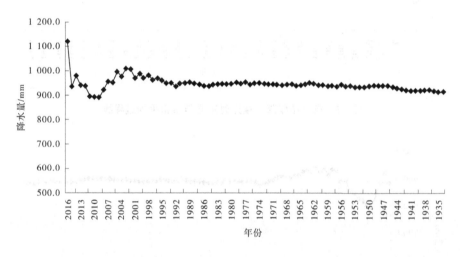

图 2-4 正阳站年降水量逆时序逐年累计平均过程线

2.3.2 长短系列不同年型的频次分析

对不同样本系列进行适线,以长系列的频率曲线适线成果为准,按频率<12.5%、12.5%~37.5%、37.5%~62.5%、62.5%~87.5%和>87.5%的年降水量分别划分为丰水年、偏丰水年、平水年、偏枯水年和枯水年5种年型,统计不同系列出现的频次,分析短系列频率曲线经验点据分布的代表性。若短系列3种年型出现的频次接近于长系列的频次分布,则认为短系列的代表性较好。计算结果如下:

从表2-2可以看出,3种年型出现的频次接近长系列频次,泌阳站、遂平站、正阳站、新蔡站1956—2016年代表性均较好。

表 2-2 选用站长短系列不同年型频次分析统计

站名	年数	系列	丰水年		偏丰水年		平水年		偏枯水年		枯水年	
			年数	频次	年数	频次	年数	频次	年数	频次	年数	频次
泌阳	88	1930—2016	12	13.6	20	22.7	20	22.7	24	27.3	11	12.5
	61	1956—2016	11	18.0	12	19.7	13	21.3	18	29.5	7	11.5
	45	1956—2000	8	17.8	11	24.4	7	15.6	13	28.9	6	13.3
	37	1980—2016	4	10.8	11	29.7	7	18.9	10	27.0	7	18.9
遂平	85	1930—2016	10	11.4	22	25.0	18	20.5	26	29.5	8	9.1
	61	1956—2016	9	14.8	13	21.3	14	23.0	15	24.6	10	16.4
	45	1956—2000	7	15.6	10	22.2	11	24.4	10	22.2	7	15.6
	37	1980—2016	4	10.8	9	24.3	11	29.7	9	24.3	4	10.8
新蔡	88	1930—2016	12	13.6	18	20.5	26	29.5	20	22.7	11	12.5
	61	1956—2016	8	13.1	14	23.0	17	27.9	14	23.0	8	13.1
	45	1956—2000	6	13.3	10	22.2	13	28.9	11	24.4	5	11.1
	37	1980—2016	4	10.8	9	24.3	11	29.7	9	24.3	4	10.8
正阳	85	1930—2016	9	10.2	23	26.1	19	21.6	20	22.7	13	14.8
	61	1956—2016	8	13.1	16	26.2	14	23.0	14	23.0	8	13.1
	45	1956—2000	5	11.1	13	28.9	10	22.2	9	20.0	7	15.6
	37	1980—2016	5	13.5	9	24.3	8	21.6	11	29.7	4	10.8

2.4　代表站分析

2.4.1　年内分配

在全市范围内,结合山丘区、平原区地形分布挑选满足质量精度和系列长度要求的 4 个雨量站作为本次评价分析代表站,4 个雨量分析代表站降水量年内分配情况见表 2-3。

汛期(6—9 月)降水量比较集中,1956—2016 年 61 年系列汛期降水量在 500~610 mm,汛期 4 个月降水量占全年降水量的 50%~65%。降水量集中程度自北向南、自西向东递减,西北部为 60%~65%;南部集中程度最低,为 50%~60%。

春季(3—5 月)降水量在 180~230 mm,占全年降水量的 20%~25%。降水量集中程度自北向南递增。

秋冬季(10 月至翌年 2 月)5 个月降水量小于春季 3 个月降水量,在 140~180 mm,占全年降水量的 15%~20%,集中程度自北向南稍有递增,但幅度不大。

表 2-3 驻马店市主要代表站 1956—2016 年降水量年内分配情况

站名	市级名称	多年平均降水量/mm	3—5月		6—9月		10月至翌年2月		最大月		最小月		最大月与最小月比值
			降水量/mm	占年降水量/%	降水量/mm	占年降水量/%	降水量/mm	占年降水量/%	降水量/mm	占年降水量/%	降水量/mm	占年降水量/%	
板桥		944.1	188.7	20.0	606.3	64.2	149.1	15.8	201.8	21.4	14.9	1.6	13.5
桂庄	驻马店市	862.3	184.5	21.4	525.2	60.9	152.6	17.7	167.0	19.4	16.3	1.9	10.2
正阳		945.5	229.2	24.2	538.7	57.0	177.6	18.8	175.1	18.5	20.2	2.1	8.6
泌阳		908.9	193.5	21.3	569.9	62.7	145.5	16.0	196.4	21.6	14.6	1.6	13.5

年内各月降水量差异很大,单站多年平均降水量 7 月最大,在 160~210 mm,自东南向西北逐渐增大;最小月降水量出现在 1 月或是 12 月,降水量在 14~20 mm,自西北向东南逐渐增大。

最大月降水量与最小月降水量相差很大。同站最大月降水量是最小月降水量的 8~14 倍,其倍数自西北向东南逐渐减小。

2.4.2　年际变化

驻马店市 3 个分析代表站最大降水量与最小年降水量的极值比在 3~5,见表 2-4。

表 2-4　驻马店市主要代表站 1956—2016 年降水量特征值、极值比与极值差

站名	最大年		最小年		极值比	极值差/mm
	降水量/mm	出现年份	降水量/mm	出现年份		
板桥	2 255.4	1975	476.8	1966	4.7	1 778.6
桂庄	1 451.2	2000	419.6	1966	3.5	1 031.6
正阳	1 558.4	1956	451.8	2001	3.4	1 106.6

2.5　等值线图绘制及合理性分析

2.5.1　等值线图的绘制

(1)降水量部分需要绘制 1 张等值线图:1956—2016 年 61 年系列年降水量等值线图。

(2)等值线绘制考虑点据但又不拘泥于个别点据,避免等值线过于曲折或出现过多的高、低值中心,避免出现与地形、气候等因素不协调的现象。多次协调与邻市边界完美对接。与驻马店市第一次、第二次评价等值线走向相近。

(3)根据驻马店市降水量分布情况,多年平均降水量等值线图的线距:降水量 100 mm。

2.5.2　等值线图成果分析

驻马店市降水量等值线整体呈东西走向,西部山区有明显的降水量高值区闭合等值线。等值线主要有 3 条线:800 mm 线、900 mm 线及 1 000 mm 线。本次评价降水量等值线图量值分布及走向符合南部大、北部小,山丘区大、平原区小的驻马店市降水量分布规律。

2.6　分区降水量

2.6.1　计算方法

泰森多边形法是《第三次全国水资源评价大纲》提供的计算面平均降水量的方法之一，根据河南省地形、地貌及雨量站点分布状况选用泰森多边形法计算面平均雨量比较合适。

本次降水量评价，采用水资源三级区套县级行政区作为最小计算单元，驻马店市水资源三级区套县级行政区共有 3 个小单元，在单站降水量计算成果的基础上，采用泰森多边形法，计算每个小单元的面平均雨量，进而求得县级行政区、水资源各级分区、全市的面平均雨量。本次评价涉及 9 县 1 区 10 个行政区以及 3 个水资源三级区。

2.6.2　分区降水量

2.6.2.1　计算成果

驻马店市 1956—2016 年平均降水深 894.6 mm，相应平均降水总量 135.04 亿 m³。其中，淮河王家坝以上北岸区降水深 902.5 mm，相应降水总量 1 128.047 亿 m³；王蚌区间降水深 812.0 mm，相应降水总量 78.192 亿 m³；唐白河降水深 882.9 mm，相应降水总量 144.181 亿 m³。

从 1956—2016 年 61 年系列逐年平均降水量柱状图（见图 2-5）中可以看出，在平均趋势线以上的有 29 年，以下的有 31 年；最大年降水量在 1975 年，为 1 378.0 mm；最小年降水量在 1966 年，为 486.8 mm；最大最小年降水量极值比为 2.83。

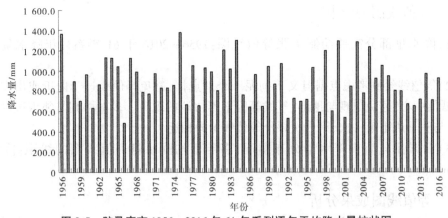

图 2-5　驻马店市 1956—2016 年 61 年系列逐年平均降水量柱状图

驻马店市及各流域 1956—2016 年历年降水量过程线见图 2-6~图 2-9。

驻马店市 3 个水资源三级分区中，王家坝以上北岸区年降水量偏大，为 902.5 mm；王蚌区间年降水量偏小，为 812.0 mm；唐白河区年降水量在 850~1 100 mm，是驻马店市降水量最丰富的区域。10 个县（区）中，确山县年降水量最大，为 948.1 mm；平舆县年降水量最小，为 857.9 mm。

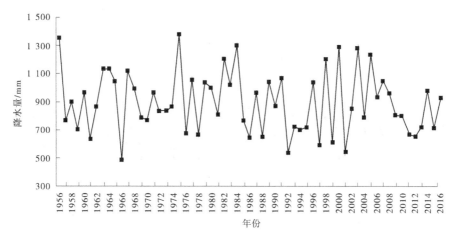

图 2-6 驻马店市 1956—2016 年平均年降水量过程线

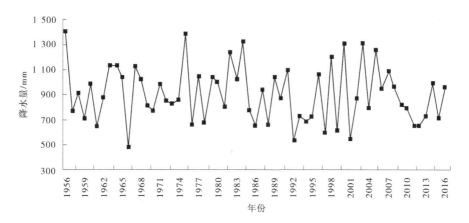

图 2-7 王家坝以上北岸区北岸 1956—2016 年平均降水量过程线

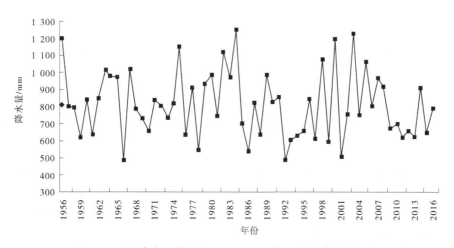

图 2-8 驻马店市王蚌区间 1956—2016 年平均降水量过程线

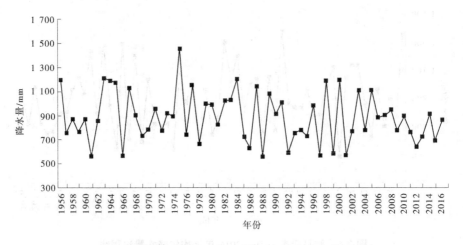

图 2-9　驻马店市唐白河 1956—2016 年平均降水量过程线

本次评价分区降水量成果符合南部大、北部小、山丘区大、平原区小的驻马店市降水量分布规律。驻马店市属各流域不同系列年降水量特征值成果见表 2-5、图 2-10,各县不同系列年降水量特征值成果见表 2-6。

表 2-5　驻马店市水资源三级分区长短系列统计年降水量特征值成果

流域 名称	计算面 积/km²	统计年限	年数	统计参数			不同频率年降水量/mm			
				降水量 均值/mm	C_v	C_v/C_s	20%	50%	75%	95%
驻马 店市	15 095	1956—2016	61	894.6	0.25	2	1 073.9	876.4	736.8	563.7
		1956—2000	45	904.1	0.25	2	1 089.0	884.8	741.0	563.3
		1980—2016	37	881.9	0.25	2	1 063.0	862.9	722.1	548.1
王家坝 以上 北岸区	12 499	1956—2016	61	902.5	0.25	2	1 086.4	883.5	740.4	563.5
		1956—2000	45	910.8	0.26	2	1 099.5	890.9	744.1	563.2
		1980—2016	37	890.8	0.26	2	1 077.2	870.8	725.9	547.5
王蚌 区间	963	1956—2016	61	812.0	0.24	2	970.9	796.2	672.3	518.1
		1956—2000	45	820.7	0.24	2	983.1	804.4	678.0	520.8
		1980—2016	37	805.1	0.26	2	973.1	787.2	656.5	495.7
唐白河	1 633	1956—2016	61	882.9	0.24	2	1 052.2	866.5	734.5	569.6
		1956—2000	45	901.8	0.25	2	1 083.2	883.3	742.0	567.0
		1980—2016	37	859.2	0.23	2.5	1 016.5	840.7	718.9	571.5

2.6.2.2　成果分析

1.1980—2016 年系列降水量

驻马店市 1980—2016 年平均降水量 881.9 mm,相应平均降水总量 1 331.195 亿 m³。

其中,淮河王家坝以上北岸区降水量 890.8 mm,相应降水总量 1 113.353 亿 m³;王蚌区间降水量 805.1 mm,相应降水总量 77.528 亿 m³;唐白河降水量 859.2 mm,相应降水总量 140.314 亿 m³。

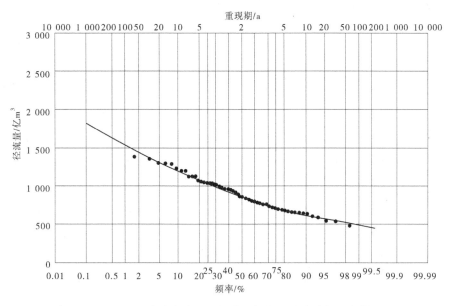

图 2-10　驻马店市水资源三级分区长短系列统计年降水量

表 2-6　驻马店市各行政区长短系列统计年降水量特征值成果

行政区名称	计算面积/km²	统计年限	年数	统计参数			不同频率年降水量/mm			
				降水量均值/mm	C_v	C_s/C_v	20%	50%	75%	95%
驿城区	1 225	1956—2016	61	942.0	0.28	2.0	1 151.2	918.2	756.0	558.6
		1956—2000	45	954.6	0.29	2.0	1 176.0	928.1	756.7	549.9
		1980—2016	37	925.2	0.28	2.0	1 134.6	900.8	738.5	541.8
西平县	1 090	1956—2016	61	869.9	0.26	2.0	1 052.3	850.4	708.7	534.3
		1956—2000	45	876.1	0.28	2.0	1 071.6	853.6	702.0	517.7
		1980—2016	37	865.9	0.28	2.5	1 057.5	837.9	690.8	520.8
上蔡县	1 529	1956—2016	61	819.2	0.26	2.0	991.2	800.8	667.1	502.6
		1956—2000	45	827.9	0.27	2.0	1 007.2	808.0	668.8	498.6
		1980—2016	37	814.1	0.27	2.5	988.0	789.7	656.0	500.0
平舆县	1 281	1956—2016	61	857.9	0.30	2.0	1 061.2	833.0	675.7	486.9
		1956—2000	45	870.2	0.29	2.5	1 071.3	839.2	685.1	509.3
		1980—2016	37	850.9	0.32	2.0	1 068.6	821.8	654.0	456.1

续表 2-6

行政区名称	计算面积/km²	统计年限	年数	统计参数			不同频率年降水量/mm			
				降水量均值/mm	C_v	C_s/C_v	20%	50%	75%	95%
正阳县	1 889	1956—2016	61	926.3	0.25	2.0	1 111.4	907.6	763.5	584.7
		1956—2000	45	923.2	0.24	2.0	1 101.9	905.7	766.4	592.7
		1980—2016	37	923.1	0.25	2.0	1 112.1	903.4	756.4	574.8
确山县	1 701	1956—2016	61	948.1	0.26	2.0	1 145.7	927.1	773.5	584.3
		1956—2000	45	958.8	0.26	2.0	1 163.1	936.5	777.8	583.0
		1980—2016	37	928.3	0.26	2.0	1 116.1	909.0	762.9	582.0
泌阳县	2 354	1956—2016	61	889.8	0.25	2.5	1 064.2	867.5	732.8	572.3
		1956—2000	45	908.4	0.26	2.0	1 098.8	888.0	740.0	557.9
		1980—2016	37	862.7	0.25	2.0	1 037.0	844.8	709.1	541.1
汝南县	1 502	1956—2016	61	882.6	0.27	2.0	1 075.1	861.1	711.7	529.2
		1956—2000	45	897.6	0.28	2.0	1 099.5	874.3	717.8	527.9
		1980—2016	37	867.9	0.29	2.0	1 072.7	842.9	684.4	494.0
遂平县	1 071	1956—2016	61	920.9	0.27	2.0	1 120.1	898.8	744.2	555.0
		1956—2000	45	936.7	0.29	2.0	1 152.4	911.0	744.0	542.2
		1980—2016	37	898.6	0.30	2.5	1 110.2	865.2	703.3	519.5
新蔡县	1 453	1956—2016	61	881.9	0.25	2.0	1 059.4	863.8	725.7	554.6
		1956—2000	45	879.3	0.25	2.0	1 057.0	861.1	722.8	551.6
		1980—2016	37	881.2	0.27	2.0	1 069.6	860.6	714.2	534.8

2. 不同系列年降水量比较

通过对 1956—2000 年系列与 2001—2016 年系列降水量均值做比较,反映出两个系列的降水丰枯变化趋势。1956—2000 年与 2001—2016 年平均年降水量相比,全市平均年降水量由 904.1 mm 减少到 868.0 mm,减少了 36.1 mm,减少幅度为 3.99%。

本次评价 1956—2000 年系列与 2001—2016 年系列 4 个水资源三级分区和 10 个县级行政区年降水量比较情况见表 2-7、表 2-8。

全市三大水资源分区 2001—2016 年系列与 1956—2000 年系列降水量均值相比,都有减少,减少幅度最大的是唐白河区,减少 7.98%;其次是王蚌区间北岸,减少 4.07%;王家坝以上北岸区北岸减少幅度最小,为 3.47%。

全市 10 个县级行政区 2001—2016 年系列与 1956—2000 年系列相比,除正阳县和新蔡县有所增加外,其余 8 县(区)均有不同程度的减少。减少幅度最大的是泌阳县,减少幅度为 5.89%;其次是遂平县,减少幅度为 4.82%;减少幅度最小的是西平县,减少幅度为 1.99%。

表 2-7　驻马店市流域分区不同系列降水量成果比较

流域名称	三级区名称	面积/km²	降水量/mm		2001—2016 年系列比 1956—2000 年系列降水量增减比例/%
			1956—2000 年系列	2001—2016 年系列	
淮河流域	淮河上游王家坝以上北岸区北岸	12 499	910.8	879.2	-3.47
	王蚌区间北岸	963	820.7	787.3	-4.07
长江流域	唐白河区	1 633	901.8	829.8	-7.98
驻马店市		15 095	904.1	868.0	-3.99

表 2-8　驻马店市行政分区不同系列降水量成果对比

行政区域	面积/km²	降水量/mm		2001—2016 年系列比 1956—2000 年系列降水量增减比例/%
		1956—2000 年系列	2001—2016 年系列	
驿城区	1 225	942.0	906.8	-3.74
西平县	1 090	869.9	852.7	-1.99
上蔡县	1 529	819.2	794.8	-2.98
平舆县	1 281	857.9	823.3	-4.03
正阳县	1 889	926.3	935.2	0.96
确山县	1 701	948.1	918.2	-3.16
泌阳县	2 354	889.8	837.4	-5.89
汝南县	1 502	882.6	840.3	-4.79
遂平县	1 071	920.9	876.5	-4.82
新蔡县	1 453	881.9	889.2	0.83

2.6.3　与二次评价结果对比

本次评价完成了 1956—2016 年系列、1956—2000 年系列、1980—2016 年系列的三级水资源分区和 10 个县(区)年降水量均值系列成果,与二次评价 1956—2000 年系列成果比较见表 2-9 和表 2-10。

表 2-9　驻马店市属各水资源分区不同系列降水量成果比较

| 流域名称 | 三级区名称 | 面积/km² | 本次评价系列成果 | | 二次评价 1956—2000 年系列成果/mm |
| | | | 1956—2016 年 | | |
			成果/mm	与二次评价比较/%	
淮河流域	淮河上游王家坝以上北岸区北岸	12 499	902.5	-0.59	907.9
	王蚌区间北岸	963	812.0	-1.29	822.6
长江流域	唐白河区	1 633	882.9	3.46	853.4
驻马店市		15 095	894.6	-0.22	896.6

表 2-10　驻马店市各县（区）不同系列降水量成果比较

| 行政分区 | 面积/km² | 本次评价系列成果 | | 二次评价 1956—2000 年系列成果/mm |
| | | 1956—2016 年 | | |
		成果/mm	与二次评价比较/%	
驿城区	1 225	942.0	0.04	941.7
西平县	1 090	869.9	-0.03	870.2
上蔡县	1 529	819.2	-2.15	837.2
平舆县	1 281	857.9	-1.52	871.1
正阳县	1 889	926.3	-0.45	930.5
确山县	1 701	948.1	-0.53	953.2
泌阳县	2 354	889.8	-3.99	926.7
汝南县	1 502	882.6	-2.27	903.1
遂平县	1 071	920.9	-4.45	963.8
新蔡县	1 453	881.9	-3.06	909.8
全市平均	15 095	894.6		896.6

1956—2016 年 61 年系列成果与二次评价成果比较，全市减少 0.22%。淮河流域有所减少，长江流域有所增加。

全市 10 个县级行政区，有 9 个县表现为减少，减少幅度最大的是泌阳县，减少幅度为3.99%，减少幅度在 0~2% 的有西平县、平舆县、正阳县和确山县，只有驿城区二次评价成果基本一致。

2.7　降水量时空分布规律

2.7.1　时空分布规律

受大气环流的季节变化和复杂地形南北纬度差异的影响,驻马店市降水有三个主要特征,即降水地区分布不均、降水年内分配不均、降水量的年际变幅大,容易导致水旱灾害。

2.7.1.1　降水地区分布不均

驻马店市西部、南部为山丘区,东部、北部为平原区。山区是水汽自东向西距离海洋最近的第一道屏障,自东南进入的水汽,受到地形的影响急剧上升,极易产生局部暴雨。

2.7.1.2　降水年内分配不均

驻马店市降水量年内分配特点与水汽输送的季节变化有关。表现为季节分配不均匀,降水主要集中在汛期(6—9月),春、秋、冬三季多干旱少雨。

驻马店市汛期(6—9月)降水集中,1956—2016年61年系列汛期平均降水量555 mm,汛期4个月占全年降水量的62%。降水集中程度自北往南递减。

2.7.1.3　降水量的年际变幅大

驻马店市降水的年际变化较为剧烈,主要表现为最大年降水量与最小年降水量的比值(极值比)较大,年降水量变差系数较大和年际间丰枯变化频繁等特点。

2.7.2　不同年代降水量变化趋势

不同年代降水量均值对比(见表 2-11、图 2-11),可以反映不同区域年降水量的年代变化情况。驻马店市属两大流域,淮河流域在 1956—1960 年降水量偏丰,其中王家坝以上北岸区北岸偏丰较多,其次是唐白河区;1960—1970 王蚌区间北岸降水偏少,其他区域属平水年份;1971—1980 年、1981—1990 年降水量偏丰;1991—2000 年除王蚌区间北岸偏枯,其他区域属平水年份;2001—2010 年除王家坝以上北岸区北岸偏丰外,其余区域都属平水年份;2011—2016 年全市都属偏枯年份。

表 2-11　驻马店市水资源分区不同年代降水量比较

流域分区	1956—1960 年	1961—1970 年	1971—1980 年	1981—1990 年	1991—2000 年	2001—2010 年	2011—2016 年	1956—2016 年
淮河上游王家坝以上北岸区北岸	950.8	901.3	932.4	934.6	854.9	936.3	784.1	902.5
王蚌区间北岸	851.0	811.7	835.4	860.3	760.3	834.6	708.5	812.0
唐白河区	889.9	907.5	952.7	913.5	839.3	872.6	758.6	882.9
驻马店市	937.8	896.2	928.4	927.6	847.2	922.9	776.6	894.6

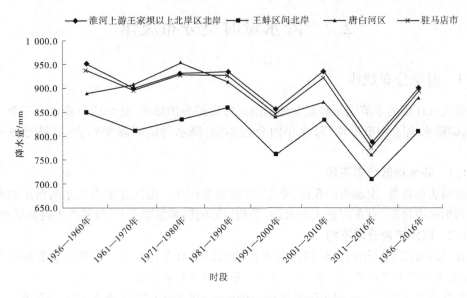

图 2-11　驻马店市水资源分区不同年代降水量变化

第3章 蒸 发

3.1 蒸发量

蒸发是水循环中的重要环节之一,它的大小用蒸发能力来表示。蒸发能力是指充分供水条件下的陆地蒸发量,一般通过水面蒸发量的观测来确定,可近似用 E601 型蒸发器(简称 E601)观测的水面蒸发量代替。

3.1.1 选站情况

本次评价共选用蒸发站 16 个,其中气象蒸发站 8 个。E601 型观测站 1 个,E601 与 80 cm 口径套盆式蒸发器(简称 ϕ 80 cm)混合观测站 6 个,E601、ϕ 80 cm 与 ϕ 20 cm 口径小型蒸发器(简称 ϕ 20 cm)混合观测站 2 个,ϕ 80 cm、ϕ 20 cm 与小型观测站 4 个,ϕ 20 cm 与小型观测站 3 个。

淮河流域选用站 6 个,其中气象资料站 8 个。E601 型观测站 1 个,E601 与 ϕ 80 cm 混合观测站 4 个,E601、ϕ 80 cm 与 ϕ 20 cm 混合观测站 2 个,ϕ 80 cm、ϕ 20 cm 与小型观测站 4 个,ϕ 20 cm 与小型观测站 3 个。

长江流域选用站 2 个,均为 E601 与 ϕ 80 cm 混合观测站。

全市选用蒸发站点基本上满足每县 1 个,由于 2013 年以后大量气象站停止对蒸发量的观测,16 个气象站的蒸发资料中只有 1 个站的资料系列为 1980—2016 年,其余为 1980—2013 年。所选水文站蒸发量资料系列均为 1980—2016 年。

3.1.2 折算系数

水面蒸发观测仪器主要有三种:E601、ϕ 80 cm 和 ϕ 20 cm。由于观测器(皿)的口径不同,观测的水面蒸发量也随之不同。不同口径蒸发器的观测值,采用逐年、逐月换算成 E601 型蒸发器的蒸发量。

ϕ 80 cm 与 E601 的折算系数以及 2000 年之前的 ϕ 20 cm 与 E601 折算系数沿用第二次水资源调查评价的成果:ϕ 80 cm 与 E601 水面蒸发量综合折算系数为 0.84;ϕ 20 cm 与 E601 折算系数为 0.62。针对本次评价气象局提供的 2000 年以后的气象站蒸发资料,采用气象局提供的逐月折算系数,1—12 月分别为 0.62、0.60、0.60、0.58、0.60、0.57、0.60、0.65、0.66、0.66、0.68、0.67。

3.1.3 蒸发量

由于蒸发站数量及设站年限的限制,本次评价选用部分气象站资料及水文站资料,县域内有 2 个观测站的采用平均值,如驿城区、泌阳县、确山县等,有 1 个观测站的直接采用观测值,然后采用算术平均法计算全市多年平均蒸发量,时间序列统一采用 1980—2016 年,见表 3-1。

表 3-1　1980—2016 年驻马店市多年平均蒸发量计算成果

行政区	1月	2月	3月	4月	5月	6月	7月	8月	9月	10月	11月	12月	全年
驿城区	29.1	37.8	61.8	87.9	112.5	122.0	110.9	100.3	87.1	72.3	51.8	39.1	912.5
遂平县	26.3	34.8	58.8	79.3	103.7	115.9	108.3	97.6	79.3	62.5	42.7	32.8	842.1
西平县	27.7	37.1	60.0	78.5	106.5	123.7	103.4	91.3	80.2	70.1	47.0	34.3	859.9
上蔡县	30.6	40.2	58.7	78.9	105.6	132.0	107.7	97.3	87.6	79.5	55.3	39.6	913.1
新蔡县	26.0	35.2	56.3	75.6	98.0	111.3	106.2	97.1	84.2	70.0	49.5	35.9	845.1
平舆县	26.6	36.3	57.7	82.8	107.6	122.8	114.7	110.9	98.1	81.3	57.1	37.1	933.1
正阳县	25.8	34.1	56.3	79.9	103.7	110.5	110.4	102.5	86.3	71.2	50.2	36.2	867.1
确山县	27.8	35.8	59.2	81.7	103.1	110.7	105.6	101.9	85.6	68.1	47.8	35.9	863.2
汝南县	23.2	33.8	56.8	80.4	102.9	119.0	111.7	101.1	85.0	68.6	46.1	31.8	860.4
泌阳县	27.4	34.5	59.6	83.5	103.6	112.4	111.8	104.4	87.4	66.4	45.4	33.5	869.7
全市平均	27.0	36.0	58.5	80.8	104.7	118.0	109.1	100.4	86.1	71.0	49.3	35.6	876.6

3.1.4 空间分布

水面蒸发量地区分布的总趋势与水汽饱和差、相对湿度、风力等气象因素分布相一致,呈现自南往北递增的规律,即较干旱的北部的水面蒸发量大于较湿润的南部的水面蒸发量。

全市平均年蒸发量 876.6 mm,各县(区)年蒸发量在 842.1~933.1 mm,平舆县最大(933.1 mm),遂平县最小(842.1 mm)。年内蒸发量较大的月份有 5 月、6 月、7 月、8 月,月蒸发量超过 100 mm;年内蒸发量较小的月份有 1 月、2 月、12 月,月蒸发量小于 40 mm。

3.2 干旱指数

3.2.1 干旱指数计算与分级

干旱指数是反映地域气候干燥程度的指标,在气候学上一般以年蒸发能力与降水量之比表示。年蒸发能力与 E601 蒸发皿测得的水面蒸发量存在着线性关系,多年平均干旱指数采用多年平均 E601 年水面蒸发量与多年平均年降水量的比值。本次评价采用同为蒸发和雨量选用站的站点作为计算干旱指数的选用站。当干旱指数小于 1.0 时,降水量大于蒸发能力,表明该地区气候湿润;当干旱指数大于 1.0 时,蒸发能力超过降水量,表明该地区偏于干旱。干旱指数愈大,干旱程度愈严重。根据干旱指数的大小,可进行气候的干湿分带,其划分标准见表 3-2。

表 3-2 气候分带划分等级

气候分带	干旱指数
十分湿润	<0.5
湿润	0.5~1.0
半湿润	1.0~3.0
半干旱	3.0~7.0
干旱	>7.0

全市选用的 8 个蒸发站中同时具有同期降水观测资料,各站 1980—2016 年系列年均水面蒸发量及干旱指数见表 3-3,从全市干旱指数在 1.0 左右可以得出,全市属于半湿润气候。

3.2.2 干旱指数等值线图

多年平均干旱指数分区见图 3-1,驻马店市干旱指数自南往北递增,总变幅在 0.85~1.11,南部小于 1.0,北部大于 1.0;1.0 等值线呈自西南至东北走向,由泌阳县、驿城区、汝南县至平舆县。干旱指数小于 1.0 的湿润区主要分布在汝河以南的淮河流域及泌阳县部分地区。干旱指数大于1.0的半湿润区主要分布在汝河以北的西平县、上蔡县、遂平县及泌阳县部分地区。

表3-3　各站水面蒸发量及干旱指数计算成果

站名	所在流域	多年平均蒸发量/mm	多年平均降水量/mm	干旱指数
遂平	淮河区	842.3	846.6	0.99
板桥	淮河区	948.6	919.8	1.03
班台	淮河区	796.6	938.7	0.85
薄山	淮河区	884.3	965.1	0.92
王勿桥	淮河区	867.4	965.0	0.90
桂庄	淮河区	950.5	854.0	1.11
泌阳	长江区	916.3	897.5	1.02
宋家场	长江区	810.5	842.8	0.96

图3-1　驻马店市境内干旱指数分区

第 4 章　地表水资源

驻马店市大部分属淮河流域王家坝以上北岸区北岸,东北角一小部分属王蚌区间北岸区,西南角有一部分属唐白河区。驻马店店境内河流纵横交织,主要有洪河和汝河 2 条较大河流,洪汝河总流域面积 12 499 km²,其中汝河流域面积 7 362 km²。流域面积在 1 000~5 000 km² 的河流有 4 条,分别为小洪河、北汝河、臻头河和泌阳河;流域面积在 500~1 000 km² 的河流有 3 条;流域面积在 100~500 km² 的河流有 50 条。

由于地形影响,河流发源于西部、西北部和东南部山区。顺地势倾斜向东、东北、东南或向南汇流,形成扇形水系。驻马店市分属淮河、长江两大流域,淮河流域面积占全市总面积的 72.2%,淮河主要干流汝河、小洪河东西横贯全境,水系发达,支流纵横,是淮河上游重要的发源地。

4.1　评价基础

地表水资源量是指河流、湖泊、冰川等地表水体中由当地降水形成的、可以逐年更新的动态水量,用天然河川径流量表示。

天然河川径流还原计算是区域地表水资源量评价计算的基础工作,河川径流还原计算的精度与可靠性直接影响区域地表水资源评价成果的质量。受日益频繁的人类活动的影响,天然状态下的河川径流特征一般已经发生了显著变化,依据水文站实测资料计算区域河川径流量,必须在用水量资料已经还原的基础上进行。

根据《全国水资源调查评价技术细则》和《河南省第三次全国水资源调查评价工作大纲》的要求,本次评价,通过对选用水文站实测径流资料的还原计算和系列一致性分析与处理,推求天然河川径流量,河川径流量资料系列要求反映 2001 年以来近期下垫面条件,同步期系列长度应与降水量系列一致。

区域地表水资源量的计算,是在单站天然河川径流量统计分析的基础上,提出水资源三级区套省辖市 1956—2016 年地表水资源量系列评价成果;通过分析计算,进一步提出县级行政区、重点流域及主要控制断面 1956—2016 年地表水资源量系列评价成果,汇总各级水资源分区、行政分区 1956—2016 年地表水资源量系列评价成果。

4.1.1　水文站的选用

4.1.1.1　选用代表站

单站天然河川径流量的计算是分区水资源量计算的重要基础,也是分析水资源时空分布规律的主要依据。

凡观测资料符合规范规定,且观测资料系列较长的水文站,包括符合流量测验精度规范的国家基本水文站、专用水文站和委托站,均可作为选用水文站。其中,大江大河及其主要支流的控制站、水资源三级区套地级行政区及中等河流的代表站、水利工程节点站为必选站。当选用水文站的河川径流量系列有缺测或系列长度不足时,应进行插补或延长,经合理性分析后确定采用值。

本次在选择径流代表站时,应充分考虑第二次水资源调查评价的选站情况,尽可能保持与驻马店市第二次水资源调查评价所选站点一致,同时要兼顾各水资源计算分区(水资源四级区)内至少有一个以上的代表站点要求,以充分反映本区域下垫面产汇流特征。驻马店市第二次水资源调查评价共选用代表站点 12 个,其中计算区间约 8 个。由于水文站网调整,选用代表站测验断面迁移等因素,本次评价,全市共选用代表水文站 12 个,其中淮河流域 10 个,长江流域 2 个。本次评价选用代表水文站情况见表 4-1。

表 4-1 本次评价选用代表水文站情况

区域	选用代表水文站	集水面积/km²	位置信息					水文站个数
			流域	水系	河名	东经	北纬	
驻马店市	班台	11 280	淮河	洪河	洪河	115°04′	32°43′	12
	新蔡	4 110	淮河	洪河	洪河	114°59′	32°46′	
	庙湾	2 660	淮河	洪河	洪河	114°41′	33°05′	
	遂平	1 760	淮河	洪河	汝河	113°58′	33°08′	
	五沟营	1 564	淮河	洪河	洪河	114°16′	33°27′	
	杨庄	1 037	淮河	洪河	洪河	113°50′	33°20′	
	板桥	768	淮河	洪河	汝河	113°38′	32°59′	
	泌阳	660	长江	唐白河	泌河	113°18′	32°43′	
	薄山	578	淮河	洪河	溱头河	113°57′	32°39′	
	芦庄	396	淮河	洪河	溱头河	113°51′	32°43′	
	王勿桥	200	淮河	淮河	闾河	114°37′	32°33′	
	宋家场	186	长江	唐白河	十八道河	113°32′	32°46′	
淮河流域	流域面积/km²	13 462	选用水文站个数					10
长江流域		1 633						2
全市		15 095						12

参与河川径流还原计算的代表站共 12 个,计算代表站总控制流域面积 12 140 km²,占全市总评价面积的 80.4%,其中流域面积在大于或等于 5 000 km² 的水文站 1 个,占总站数的 8.3%;流域面积为 300~5 000 km² 的水文站 9 个,占总站数的 75%;流域面积小于或等于 300 km² 的水文站 2 个,占总站数的 16.7%,见表 4-2。

4.1.1.2 资料情况

根据《全国水资源调查评价技术细则》和《河南省第三次全国水资源调查评价工作大纲》,本次水资源调查评价是在第一、第二次全国水资源调查评价,第一次全国水利普查

等已有成果的基础上,继承并进一步丰富评价内容,改进评价方法,全面摸清 61 年
(1956—2016 年)来河南省水资源状况变化,重点把握 2001 年以来水资源及其开发利用
的新情势、新变化。因此,第一、第二次全国水资源调查评价所涉及的资料、成果等是本次
评价的重要资料基础和支撑。

表 4-2　径流计算选用水文站情况统计

区域	选用水文站数			
	总数	按集水面积分级		
		≤300 km²	300~5 000 km²	≥5 000 km²
淮河流域	10	1	8	1
长江流域	2	1	1	
全市	12	2	9	1

1. 基础资料收集整理

收集全市相关河流基本资料;收集选用水文站基本信息(设站目的、测站沿革、测验
断面情况、测验项目、测验方法等);逐年收集、整理、校核选用水文站实测年、月径流量资
料以及第一、第二次评价的相关还原资料;逐年收集、整理、校核相关蓄水工程蓄变量
情况。

2. 水资源开发利用状况

逐年(主要是 2001 年以后)收集、整理、校核选用水文站断面以上流域取用水情况资
料,地下水开采、废污水排放量等水资源开发利用基础数据;收集各级统计年鉴、第二次全
国土地调查成果、水利统计年鉴(年报)、水资源公报、第二次全国水资源调查评价、水资
源综合规划、流域综合规划、水资源中长期供求规划、水资源保护规划等成果;补充调查统
计评价单元之间的跨区域供水情况,包括跨区域供水量、水源类型(蓄水、引水、提水、地
下水)等。

3. 资料的插补延长

在单站径流系列的统计、分析、计算中,系列的长度决定系列的统计特征值精度,系列
越长,其统计精度和代表性越好。根据《全国水资源调查评价技术细则》和《河南省第三
次全国水资源调查评价工作大纲》,本次径流量评价按照 1956—2016 共 61 年系列进
行,在单站河川径流量的计算过程中,会遇到部分测站的资料系列长度不符合要求或者个
别月份(年)缺测的情况,因此需对相关系列进行插补或者延长,使其系列长度满足本次
径流评价的要求。对第一、第二次评价已经进行过资料插补延长的代表站,本次评价直接
采用其资料插补延长成果;对第一、第二次评价仅插补年值,未插补月值的代表站,本次根
据需要部分进行插补。

4.1.2　天然径流的还原方法

对水文代表站(水资源四级区套地级行政区及中等河流代表站)和主要河川径流控
制站(包括洪汝河及其主要支流的控制站、水利工程节点站)的实测河川径流量应进行分

月还原计算,提出历年逐月的天然河川径流量。

还原计算应采用全面收集资料和典型调查分析相结合的方法,按照评价要求逐年逐月进行。应分河系自上而下、按测站控制断面分段进行,然后逐级累积成全流域的还原水量。对于还原后的天然年河川径流量,应进行干支流、上下游和地区间的综合平衡分析,检查其合理性。

对于资料缺乏地区,可按照用水的不同发展阶段选择丰、平、枯典型年份,调查年用水耗损量及年内分配情况,推求其他年份的还原水量。

通常只需对地表水利用的耗损量进行还原。还原的主要项目包括农业灌溉、工业和生活用水的耗损量(含蒸发消耗和入渗损失),跨流域引入、引出水量,河道分洪水量,水库蓄水变量等。还原计算时段内天然径流量的计算公式见式(4-1)。式中仅列出了对水文站实测径流量影响较大的还原项目,各代表站根据具体情况增减项目。

$$W = W_1 + W_2 + W_3 + W_4 \pm W_5 \pm W_6 \pm W_7 \qquad (4\text{-}1)$$

式中:W 为天然河川径流量,m^3;W_1 为实测河川径流量,m^3;W_2 为农业灌溉耗损量,m^3;W_3 为工业用水耗损量,m^3;W_4 为城镇生活用水耗损量,m^3;W_5 为跨流域(或跨区间)引水量,引出为正,引入为负,m^3;W_6 为河道分洪不能回归后的水量,分出为正,分入为负,m^3;W_7 为大中型水库蓄水变量,增加为正,减少为负,m^3。

农业灌溉耗损量是指在农田、林果、草场引水灌溉过程中,因蒸发消耗和渗漏损失而不能回归到水文站以上河道的水量。应查清渠道引水口、退水口的位置和灌区分布范围,调查收集渠道引水量、退水量、灌溉制度、实灌面积、实灌定额、渠系有效利用系数、灌溉回归系数等资料,根据资料条件采用不同方法进行估算,提出年还原水量和年还原过程。

工业用水和城镇生活用水的耗损量包括用户消耗水量和输排水损失量,为取水量与入河废污水量之差,可根据工矿企业和生活区的水平衡测试、废污水排放量监测和典型调查等有关资料,分析确定耗损率,再乘以地表水取水量推求耗损水量。工业和城镇生活的耗损水量较小且年内变化不大,可按年计算还原水量,然后平均分配至各月。

耗损量只统计水文站以上自产径流利用部分,引入水量的耗损量不做统计。跨流域引水量一般应根据实测流量资料逐年、逐月进行统计,还原时引出水量全部作为正值,而引入水量仅将利用后的回归水量作为负值。跨区间引水量是指引水口在水文站断面以上、用水区在断面以下的情况,还原时应将渠首引水量全部作为正值。

河道分洪水量是指河道分洪不能回归评价区域的水量,通常仅在个别丰水年份发生,可根据上、下游站和分洪口门的实测流量资料,蓄滞洪区水位、水位容积曲线及洪水调查等资料,采用水量平衡方法进行估算。

水库蒸发损失量属于产流下垫面条件变化对河川径流的影响,宜与湖泊、洼淀等天然水面同样对待,不再进行还原计算。

水库渗漏量一般较小,且可回归到下游断面上。可只对个别渗漏量较大的选用水库站进行还原计算。

农村生活用水面广量小,对水文站实测径流量影响较小,可视具体情况确定是否进行还原计算。

对于控制面积内不存在蓄水、引水、提水及河道分洪或堤防决口的水文站,实测河川径流量即为天然河川径流量;对于控制面积内存在蓄水、引水、提水及河道分洪或堤防决口的水文站,应对逐月、逐年的实测河川径流量进行还原计算。其中,农业灌溉用水、工业用水和生活用水耗损量(含蒸发消耗和入渗损失)的还原计算应与水资源开发利用的用水消耗量、非用水消耗量相协调。另外,当经济社会用水年耗损量小于该年实测河川径流量的 5%,则该年可不做相应水量的还原计算,但引水量、分洪水量、水库蓄变量等仍应按实际情况进行还原计算。当还原后的天然月河川径流量出现负值时,应对各项月还原水量进行具体分析,例如:经济社会用水的月耗损量是否偏小,月引入水量仅可将利用后的回归水量作为负值,月水库蓄变量是否准确等,并通过上、下游断面之间水量平衡分析确定月还原水量。

4.2　河川径流还原计算成果

4.2.1　还原计算成果

根据《全国水资源调查评价技术细则》和《河南省第三次全国水资源调查评价工作大纲》的要求,本次河川径流(地表水资源)评价分别按照 1956—2016 年和 1980—2016 年两个系列资料开展。

4.2.1.1　淮河流域

洪汝河发源于伏牛山南部,驻马店市境内淮河流域面积 13 462 km²,占全市总评价面积的 89.2%。淮河流域在驻马店市境内的主要河流有小洪河、洪河和汝河。其中,小洪河和汝河在班台县汇入洪河,经驻马店市南部流入安徽省。淮河流域地处我国南北气候过渡带,干流水系降水充沛,河川径流量相对较丰富。班台控制站多年平均(1956—2016年)实测径流量为 24.316 0 亿 m³,天然河川径流量为 26.400 3 亿 m³,径流深 234.0 mm,径流系数 0.26。

4.2.1.2　长江流域

驻马店市西南部属长江流域,为长江流域唐白河水系的一部分,面积约 1 633 km²,占全市总评价面积的 10.8%。其主要河流为泌河。唐白河上游源于伏牛山南麓的暴雨中心带,河川径流较充沛。泌阳控制站多年平均(1956—2016 年)实测径流量为1.688 0 亿 m³,天然河川径流量为 1.740 1 亿 m³,径流深 263.6 mm,径流系数 0.29。

主要控制站 1956—2016 年系列径流特征值成果见表 4-3。

4.2.2　天然径流的一致性分析

人类活动改变了流域下垫面条件,导致入渗、径流、蒸发等水平衡要素发生一定的变化,从而造成径流的减少(或增加)。下垫面情况变化对产流的影响非常复杂,许多流域的径流因下垫面变化而衰减的现象已经非常明显,必须予以考虑,以保证系列成果的一致性。

4.2.2.1　天然河川径流一致性分析及修正方法

在单站还原计算的基础上,点绘面平均年降水量与天然年径流深的相关图,如果2001—2016 年的点据明显偏离于 1956—2000 年的点据,则说明下垫面条件变化对径流

表 4-3 主要控制站 1956—2016 年系列径流特征值成果

水文站	时段	项目	多年平均			天然年河川径流量			
			降水量/mm	径流量/亿 m³	径流深/mm	最大		最小	
						径流量/亿 m³	出现年份	径流量/亿 m³	出现年份
班台	1956—2016 年	实测	938.2	24.316 0	215.6	73.410 0	1956	2.801 0	1993
		天然		26.400 3	234.0	80.256 0	1975	2.316 0	1966
	1980—2016 年	实测	938.7	23.904 2	211.9	69.175 6	1984	2.801 0	1993
		天然		25.506 1	226.1	69.782 6	1984	3.618 5	1992
泌阳	1956—2016 年	实测	909.1	1.688 0	255.8	5.726 0	1975	0.268 1	2013
		天然		1.740 1	263.6	5.728 0	1975	0.237 5	1992
	1980—2016 年	实测	897.5	1.463 7	221.8	3.442 1	1984	0.268 1	2013
		天然		1.540 0	233.3	3.469 8	1984	0.237 5	1992

影响较大,需要对年径流系列进行修正。将 61 年系列划分为 1956—2000 年和 2001—2016 年两个年段,分别对两个年段绘制年降水量与径流关系曲线,两条曲线之间的径流坐标距离即为年径流变化值。

径流主要由降水形成,分析降水径流关系的一致性常用到降水径流双累积曲线法。双累积曲线是检验两个参数间关系一致性及其变化的常用方法。所谓双累积曲线,就是在直角坐标系中绘制的同期内一个变量的连续累积值与另一个变量连续累积值的关系线,它可用于水文气象要素一致性的检验、缺值的插补或资料校正,以及水文气象要素的趋势性变化及其强度的分析。

再者,通过点绘水文站控制范围内面平均年降水量与天然年河川径流量的双累积相关图,找出年降水量与天然年河川径流量关系发生明显变化的拐点年份,以该年份为分割点,将年降水量和天然年河川径流量系列划分为前、后两个年段,并对前一年段的天然年河川径流量系列进行修正。

当选定一个年降水值时,可分别从两条曲线上查出两个对应的年径流深值(R_1 和 R_2),采用式(4-2)和式(4-3)分别计算年径流衰减系数和修正系数:

$$\gamma = (R_1 - R_2)/R_1 \tag{4-2}$$

$$\Psi = R_2/R_1 \tag{4-3}$$

式中:γ 为年径流衰减系数;Ψ 为年径流修正系数;R_1 为前一年段的天然年径流深,mm;R_2 为后一年段的天然年径流深,mm。

查算不同量级年降水量的 Ψ 值,绘制 P-Ψ 关系曲线,作为天然年河川径流系列修正的依据。

根据需要修正年份的降水量,从 P-Ψ 关系曲线上查得修正系数,再乘以该年天然年河川径流量,即可求得修正后的天然年河川径流量。

4.2.2.2　天然河川径流一致性分析

通过绘制本次评价参与河川径流还原计算的 12 个水文站年降水与径流关系曲线可以看出,1956—2000 年和 2001—2016 年两个年段的整体趋势一致,且年径流变化值趋势也一致,因此代表水文站无须对年径流进行一致性修正。

4.3　代表站天然径流量时空分布

驻马店市河川径流时空分布具有区域差距显著、年内分配不均、年际变化大等特点。豫南、豫西等山区受降水及地形影响,河川径流较为丰沛,豫北、豫东等平原区河川径流则较为匮乏。从年内分配来看,河川径流主要集中在汛期,汛期 4 个月的径流量往往占到全年的 60% 以上。从年际变化来看,丰枯相交,最大年河川径流量与最小年河川径流量相差很大,丰枯比普遍在 10~30。

4.3.1　径流的时空分布

4.3.1.1　径流的空间分布

驻马店市河川径流空间分布与降雨大小、降雨强度以及地形变化影响密切相关,分析 1956—2016 年系列多年平均径流深数据,全市呈现 1 个径流深高值区及 2 个相对低值区:西部伏牛山脉高值区、南部大别山脉高值区,北部西平、上蔡低值区,东部新蔡低值区。

西部伏牛山脉和南部大别山区,多年平均径流深大致为 280~330 mm,是全市河川径流最丰富的地区。

西平县、上蔡县、新蔡县低值区多年平均径流深大致为 240~260 mm。径流深总体上分布是南部大于北部、西部大于东部、山区大于平原。

4.3.1.2　径流的年内分配

驻马店市河川径流主要来自大气降水,受降水年内分配影响,地表径流呈现汛期集中,季节变化大,最大、最小月径流相差很大等特点。相比降水量的年内变化,径流稍滞后,且普遍比降水量的集中程度更高。

驻马店市河川径流主要集中在汛期(6—9 月),淮河王家坝以上北岸区北岸洪汝河等河流连续 4 个月最大径流多出现在 6—9 月;由驻马店市径流代表站多年平均(1956—2016 年)天然径流量月分配表数据可知,径流代表站多年平均连续最大 4 个月径流量占全年径流量的比例达 48.6%~94.1%。

多年平均最大月径流量一般发生在 7 月或者 8 月,最大月径流量以 8 月居多;多年平均最小月径流量普遍发生在 1 月、2 月 2 个月。

驻马店市径流代表站多年平均(1956—2016 年)天然径流量月分配见表 4-4。

4.3.1.3　径流的年际变化

驻马店市河川径流不仅时空分布不均,年内分配集中,而且年际变化也较大,最大与最小年径流倍比悬殊。1956—2016 年系列,最大年径流与最小年径流倍比值普遍在 10~30,一般来说,越是径流匮乏区域,其最大年径流与最小年径流倍比值越大。

表4-4 驻马店市径流代表站多年平均(1956—2016年)天然径流量月分配

| 测站名称 | 天然径流量/万 m³ | | | | | | | | | | | | | 连续最大4个月天然径流量 | | |
	1月	2月	3月	4月	5月	6月	7月	8月	9月	10月	11月	12月	全年	起止月份	天然径流量/万 m³	占比/%
杨庄	584	643	903	1 196	1 623	2 058	6 408	6 501	2 972	2 070	1 181	811	26 950	7—10	17 951	66.6
遂平	876	985	1 666	2 229	2 778	5 550	14 448	13 209	5 638	3 714	1 839	853	53 785	6—9	38 845	72.2
新蔡	1 695	1 706	2 481	3 383	4 087	8 195	22 342	18 808	9 933	6 618	3 866	2 462	85 576	6—9	59 278	69.3
薄山	261	396	691	1 011	1 112	1 860	4 008	3 813	1 663	1 128	679	327	16 949	6—9	11 344	66.9
班台	4 349	4 829	8 297	10 806	13 445	27 243	70 685	59 932	28 113	19 226	10 871	6 207	264 003	6—9	185 974	70.4

　　驻马店市河川径流年际丰枯交替变化较为频繁,按年代分析,1956—2016 年共 61 年系列中,1956—1960 年、1961—1970 年、1981—1990 年较丰,尤其是 1961—1970 年,是整个系列中最丰的时期;1971—1980 年和 2001—2010 年为平水年份;1991—2000 年和 2011—2016 年较枯,尤其是 2011—2016 年,是整个系列中最枯的时期。

1. 年径流倍比值

　　洪汝河水系主要代表站最大年径流与最小年径流倍比值多为 20~40,最大年发生在 1975 年。主要径流代表站年径流极值情况见表 4-5。

表 4-5　主要径流代表站年径流极值情况

水文站	天然年河川径流量						最大年径流与最小年径流倍比值	C_v
	多年平均		最大		最小			
	径流量/亿 m³	径流深/mm	径流量/亿 m³	出现年份	径流量/亿 m³	出现年份		
板桥	2.480 5	323	9.251 0	1975	0.253 9	1992	36.4	0.70
遂平	5.378 3	306	19.909 0	1975	0.613 7	1992	32.4	0.75
杨庄	2.694 9	260	10.133 0	1975	0.095 0	1966	106.7	0.80
五沟营	3.662 6	234	13.644 6	1975	0.300 6	1966	45.4	0.80
庙湾	5.723 5	215	19.632 0	1975	0.330 0	1961	59.5	0.80
新蔡	8.557 7	208	29.353 0	1956	0.808 0	2011	36.3	0.85
芦庄	1.196 3	302	4.404 0	1975	0.133 0	1966	33.1	0.70
薄山	1.695 0	293	5.961 0	1975	0.214 0	1966	27.9	0.69
宿鸭湖	12.381 3	263	37.646 0	1956	1.080 0	1966	34.9	0.75
班台	26.400 3	234	80.256 0	1975	2.316 0	1966	34.7	0.78
宋家场	0.555 2	298	1.851 0	1975	0.079 0	1961	23.4	0.64
泌阳	1.740 1	264	5.728 0	1975	0.237 5	1992	24.1	0.75

2. 年际丰枯变化

　　驻马店市地处北亚热带与暖温带的过渡地带,是北半球季风最活跃的地区。冬季处于极地寒冷高压气团控制,盛行偏北风,雨水稀少;夏季,在大陆热低压气团控制下,太平洋副热带高压西挺北进,水汽不断输入,易形成降水。由于季风显著,天气变化剧烈。驻马店市年径流丰枯变化区域间差异大,经常出现南涝北旱或者北涝南旱的极端水旱灾害。

　　1)淮河流域

　　淮河流域地域跨度大,年径流丰枯变化不同步,且变化频繁。以下以洪汝河为例,分析其丰枯情况。

　　班台水文站是洪汝河的重要控制站,于 1951 年设立,测验河段位于洪河、汝河汇合口下游处,1956—2016 年系列,一般每隔 3~5 年为一个丰枯过程。班台水文站 61 年系列中,出现偏丰的年份(大于 20%保证率年份河川径流量 40.385 7 亿 m³)为 13 年,其中

1956 年、1975 年为特大洪水年。出现偏枯的年份(小于 75% 保证率年份河川径流量 11.405 2 亿 m³)为 16 年,其中 1961 年、1966 年为特枯年(小于 95% 保证率年份河川径流量 3.634 3 亿 m³)。1963—1965 年、1982—1985 年为连续丰水年,大于 3 年的连续枯水年有 1957—1962 年、1992—1995 年、2009—2016 年,其中 2009—2016 年已经是连续 8 年枯水年。

2)长江流域

驻马店市长江流域总面积为 1 633 万 km²,其中泌阳水文站为唐白河的重要控制站。

泌阳水文站 1956—2016 年系列,出现偏丰的年份(大于 20% 保证率年份河川径流量 2.568 8 亿 m³)为 11 年,其中 1975 年为特大洪水年。出现偏枯的年份(小于 75% 保证率年份河川径流量 0.887 5 亿 m³)为 33 年,其中 1992 年为特枯年(远小于 95% 保证率年份河川径流量 0.356 1 亿 m³)。61 年系列中,出现连丰、连枯的时段较多,1956—1958 年、1963—1965 年、1982—1985 年、2003—2005 年为连续丰水年,大于 3 年的连续枯水年有 1959—1962 年、1966—1970 年、1986—1988 年、1992—1995 年、2012—2016 年。

4.3.2　径流的演变趋势

河川径流是一个受自然因素和人为因素共同影响的复杂的、非线性的过程,不仅具有趋势性、周期性、随机性、突变性,而且还存在多时间尺度特征。研究水文系列的趋势性是揭示其确定性规律的关键。

4.3.2.1　**趋势检验方法**

世界气象组织推荐并已广泛应用的 Mann-Kendall 非参数统计方法,能有效区分某一自然过程是处于自然波动还是存在确定的变化趋势。对于非正态分布的水文气象数据,Mann-Kendall 秩次相关检验具有更加突出的适用性。Mann-Kendall 也经常用于气候变化影响下的降水、径流、水质、干旱频次趋势检测。

Mann-Kendall 非参数秩次检验在数据趋势检测中极为有用,其特点表现为:首先,无须对数据系列进行特定的分布检验,对于极端值也可参与趋势检验;其次,允许系列有缺失值;再次,主要分析相对数量级而不是数字本身,这使得微量值或低于检测范围的值也可以参与分析;最后,在时间序列分析中,无须指定是否线性趋势。两个变量间的互相关系数就是 Mann-Kendall 互相关系数,也称 Mann-Kendall 统计数 S。

Mann-Kendall 秩次检验方法也称 τ 检验,可以定量地计算出时间序列的变化趋势,是水文气象序列研究中经常采用的方法。

对于时间序列 X,Mann-Kendall 趋势检验的原理:

$$S = \sum_{i=1}^{n-1} \sum_{j=i+1}^{n} \text{sign}(x_j - x_i) \tag{4-4}$$

式中:x_j 为时间序列的第 j 个数据值;n 为数据样本长度;$\text{sign}(\ )$ 为符号函数,其定义如下:

$$\text{sign}(x_j - x_i) = \begin{cases} +1 & x_j - x_i > 0 \\ 0 & x_j - x_i = 0 \\ -1 & x_j - x_i < 0 \end{cases} \tag{4-5}$$

Mann-Kendall 证明,当 $n>10$ 时,统计量 S 大致服从正态分布,其均值为 0,方差为

$$\mathrm{Var}(S) = \frac{n(n-1)(2n+5) - \sum_{i=1}^{n} t_i(i-1)(2i+5)}{18} \tag{4-6}$$

式中:t_i 为第 i 组数据点的数目。

当 $n>10$ 时,标准的正态统计变量通过下式计算:

$$Z = \begin{cases} \dfrac{S-1}{\sqrt{\mathrm{Var}(S)}} & S > 0 \\ 0 & S = 0 \\ \dfrac{S-1}{\sqrt{\mathrm{Var}(S)}} & S < 0 \end{cases} \tag{4-7}$$

这样,在双边的趋势检验中,在给定的 α 置信水平上,如果 $|Z| \geq Z_{1-\alpha/2}$,则原假设是不可接受的,即在 α 置信水平上,时间序列数据存在明显的上升或下降趋势。Z 为正,系列具有上升或增加的趋势;Z 为负,系列具有下降或减少的趋势。Z 的绝对值大于或等于 1.28、1.64 和 2.32 分别表示通过了信度 90%、95% 和 99% 的显著性趋势检验。

4.3.2.2　河川径流演变趋势

1. 淮河流域

淮河流域在驻马店市境内的主要支流有洪汝河。选取洪汝河水系班台水文站、杨庄水文站、遂平水文站,采用 Mann-Kendall 非参数统计方法,对河川径流的演变趋势进行分析,见表 4-6、图 4-1、图 4-2。

表 4-6　淮河流域主要水文站 Mann-Kendall 秩次相关检验

项目	时段	选用水文站		
		班台	遂平	杨庄
Z	1956—1979 年	−1.98	−3.92	0.3
	1980—2000 年	−0.6	−1.81	−0.54
	2001—2016 年	−1.94	−3.02	−2.75
	1980—2016 年	−0.84	−1.67	−1.05
	1956—2016 年	−0.9	−1.79	−0.43
显著性	1956—1979 年	显著	显著	不显著
	1980—2000 年	不显著	显著	不显著
	2001—2016 年	显著	显著	显著
	1980—2016 年	不显著	显著	不显著
	1956—2016 年	不显著	显著	不显著

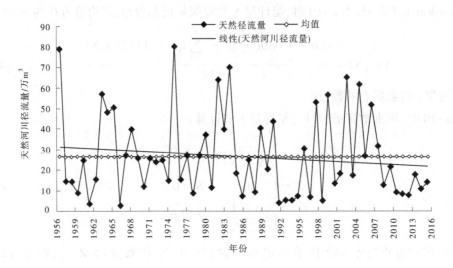

图 4-1 班台水文站河川径流变化过程线

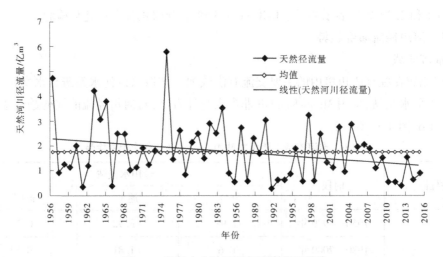

图 4-2 泌阳水文站河川径流变化过程线

洪汝河水系 1956—2016 年系列,出口控制站班台水文站及洪河上游杨庄水文站信度 95%显著检验表明,其河川径流没有显著增加或减少趋势,但汝河上游遂平水文站河川径流呈显著减少趋势。分时段数据 1956—1979 年系列,时段末洪河河川径流减少不显著,但汝河及整个水系呈现显著减少趋势;1980—2000 年系列,洪河及洪汝河水系时段末河川径流较时段初减少不显著,依然是汝河减少明显;2001—2016 年系列,整个水系减少显著;1980—2016 年系列,除汝河上游河段河川径流时段末较时段初减少显著外,洪河及全水系河川径流减少不显著。

通过分析,1956—2016 年系列,洪汝河水系丰、枯相间,河川径流没有明显的减少趋势。

2.长江流域

长江流域在驻马店市境内主要支流为唐河,选取唐河上的泌阳水文站,采用 Mann-Kendall 非参数统计方法,对河川径流的演变趋势进行分析,见表 4-7。

表 4-7　长江流域主要水文站 Mann-Kendall 秩次相关检验

项目	时段	泌阳水文站
Z	1956—1979 年	−4.22
	1980—2000 年	−2.23
	2001—2016 年	−1.94
	1980—2016 年	−1.54
	1956—2016 年	−1.8
显著性	1956—1979 年	显著
	1980—2000 年	显著
	2001—2016 年	显著
	1980—2016 年	显著(90%)
	1956—2016 年	显著

1956—2016 年系列,95%信度显著检验成果表明:唐河 90%信度河川径流较时段初显著减少。

分时段数据 1956—1979 年系列、1980—2000 年系列时段末全流域河川径流较时段初显著减少;2001—2016 年系列,增减不显著;1980—2016 年系列,河川径流时段末较时段初减少显著。

通过以上分析,1956—2016 年系列,唐河 90%信度河川径流减少明显。

4.4　分区地表水资源量

4.4.1　分区地表水资源量系列计算

分区地表水资源量的计算,是在单站天然河川径流量统计分析的基础上,提出水资源三级区套省辖市 1956—2016 年地表水资源量系列评价成果。

4.4.1.1　计算方法

1.计算单元地表水资源量

(1)根据水资源四级区套省辖市内水文站分布情况,将评价分区进一步划分为若干计算单元,并以大江大河一级支流控制水文站和中等河流控制水文站作为计算单元的骨干站点。

(2)当计算单元内河流有水文站控制时,可根据控制水文站的逐年天然河川年径流量,按照面积比或参照降水量比(单位:mm)修正为该计算单元的逐年地表水资源量。

(3)当计算单元内河流没有水文站控制时,可利用自然地理特征相似地区的降水与径流关系,由降水系列推求径流系列,按照面积比并参照降水量比求得计算单元的逐年地表水资源量。

2.分区地表水资源量

(1)若水资源四级区套省辖市内仅有一个计算单元,则该计算单元的逐年地表水资源量通过面积缩放,即为该评价分区的逐年地表水资源量。若水资源四级区套省辖市内有 2 个及以上计算单元,则将评价分区内各计算单元的 1956—2016 年逐年地表水资源量根据面积缩放后相加,求得评价分区同步系列期间逐年地表水资源量。

$$W_{分区} = \sum_{1}^{i} W_{单元i} + W_{未控区间} \tag{4-8}$$

式中: $W_{分区}$ 为分区地表水资源量,万 m^3 ; $W_{单元i}$ 为第 i 个计算单元地表水资源量,万 m^3 ; $W_{未控区间}$ 为未控区域地表水资源量,万 m^3 。

$W_{未控区间}$ 的计算,因条件不同其计算方法有所差异,不过基本上是以面积比或降水量比为参数进行推求的。

(2)根据地级行政区和计算单元地表水资源量系列,可采用等值线量算法、网格法、面积比或降水量比(单位:mm)修正等方法,提出县级行政区 1956—2016 年地表水资源量系列。

(3)分别计算各级水资源分区、省级行政区和地级行政区年地表水资源量特征值,包括统计参数(均值、 C_v 值、 C_s/C_v 值)及不同频率($P = 20\%$ 、 50% 、 75% 、 95%)的年地表水资源量。

3.本次评价驻马店市分区地表水资源量计算方法

根据《河南省第三次全国水资源调查评价工作大纲》,本次评价除计算各水资源四级区地表水资源量成果外,还需提出各水资源四级区套省辖市的年地表水资源量系列评价成果。

本次评价,水资源四级区年地表水资源量的计算采用各水系主要控制站或主要代表站年河川径流量计算成果,采用面积比并考虑降水量比进行缩放推求。

$$W_{四级区} = \sum W_{计算单元} \cdot \frac{P_{四级区} F_{四级区}}{P_{计算单元} \sum F_{计算单元}} \tag{4-9}$$

水资源四级区套省辖市地表水资源量的计算由各省辖市相关水系(河流)内的代表站(或区间)年河川径流量计算成果,采用面积比拟缩放推求,由于各水资源四级区套省辖市的地表水资源量之和与之前计算的水资源四级区地表水资源量不一致,因此需对各水资源四级区套省辖市的地表水资源量成果进行水量加权的修正,以保证两者吻合。

$$W_{四级区套地市(新)i} = \frac{W_{四级区}}{\sum\limits_{1}^{i} W_{四级区套地市(原)i}} W_{四级区套地市(原)} \qquad (4\text{-}10)$$

本次地表水资源量计算时,为与第二次水资源调查评价成果保持协调一致,以便对照检查分析,本次水资源四级区地表水资源量计算,在选择控制站或代表站时尽可能与第二次评价选站一致,当因原代表站撤销或迁移等,必须更换计算代表站时,进行不同计算代表站之间的水量修正,以减少计算误差。

4. 本次评价分区代表站选用

本次评价,各水资源四级区地表水资源量计算代表站选用情况如下。

1) 淮河流域

洪汝河山区地表水资源量计算,选用杨庄、遂平、薄山等水文站河川径流量计算成果,采用面积比缩放。

洪汝河平原区地表水资源量计算,选用班台、杨庄、遂平、薄山等水文站河川径流计算成果,用班台水文站径流量计算减去杨庄、遂平、薄山等水文站河川径流量,最后再采用面积比缩放。

淮洪区间地表水资源量计算,选用淮滨—息县—潢川水文站区间河川径流计算成果,采用面积比缩放。

沙颍河平原区地表水资源量计算,选用沈丘水文站(区间)河川径流量计算成果,采用面积比缩放。

2) 长江流域

唐白河地表水资源量计算,选用宋家场水文站和泌阳水文站河川径流计算成果,采用面积比缩放。

4.4.1.2　分区地表水资源量成果

1. 全市及分流域成果

本次评价,1956—2016 年 61 年系列,驻马店市多年平均地表水资源量为 34.871 7 亿 m³,折合径流深 231.0 mm,年最大地表水资源量为 1956 年的 99.127 9 亿 m³,年最小地表水资源量为 1966 年的 4.206 6 亿 m³,倍比为 23.6。其中,1956—2000 年 45 年(二次评价系列)系列多年平均地表水资源量为 35.849 8 亿 m³,折合径流深 237.5 mm;1980—2016 年 37 年近期系列多年平均地表水资源量为 33.507 6 亿 m³,折合径流深 222.0 mm。

驻马店市王家坝以上北岸区北岸 1956—2016 年多年平均地表水资源量为 29.428 4 亿 m³,折合径流深 188.5 mm,年最大地表水资源量为 1956 年的 84.844 0 亿 m³,年最小地表水资源量为 1966 年的 3.051 2 亿 m³,倍比为 27.8。其中,1956—2000 年 45 年系列多年平均地表水资源量为 30.021 4 亿 m³,折合径流深 240.2 mm;1980—2016 年 37 年近期系列多年平均地表水资源量为 28.646 1 亿 m³,折合径流深 229.2 mm。

　　驻马店市王蚌区间 1956—2016 年多年平均地表水资源量为 1.277 6 亿 m³,折合径流深 132.7 mm,年最大地表水资源量为 1984 年的 4.587 3 亿 m³,年最小地表水资源量为 1966 年的 0.198 1 亿 m³,倍比为 23.2。其中,1956—2000 年 45 年系列多年平均地表水资源量为 1.338 8 亿 m³,折合径流深 139.0 mm;1980—2016 年 37 年近期系列多年平均地表水资源量为 1.146 5 亿 m³,折合径流深 119.1 mm。

　　驻马店市唐白河区 1956—2016 年多年平均地表水资源量为 4.165 7 亿 m³,折合径流深 255.09 mm,年最大地表水资源量为 1975 年的 13.169 9 亿 m³,年最小地表水资源量为 1992 年的 0.615 9 亿 m³,倍比为 21.4。其中,1956—2000 年 45 年系列多年平均地表水资源量为 4.791 6 亿 m³,折合径流深 274.9 mm;1980—2016 年 37 年近期系列多年平均地表水资源量为 3.715 1 亿 m³,折合径流深 227.5 mm。

　　驻马店市 1956—2016 年地表水资源频率曲线见图 4-3。

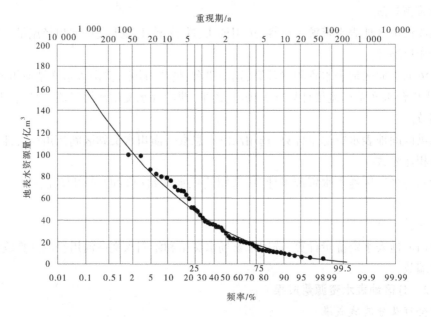

图 4-3　驻马店市 1956—2016 年地表水资源频率曲线

2. 水资源分区成果

驻马店市各水资源三级区地表水资源量见表 4-8。

3. 各县(区)地表水资源成果

驻马店市九县一区地表水资源量见表 4-9。

1956—2016 年 61 年系列,确山县、驿城区、泌阳县多年平均地表水资源量分别为 4.648 9 亿 m³、3.268 8 亿 m³、6.212 2 亿 m³,径流深分别为 273.3 mm、266.8 mm、263.9 mm,为全市地表水资源最丰富的区域。西平县、平舆县、上蔡县是全市地表水资源最少的区域。除新蔡县和上蔡县径流深小于 200 mm 外,其余各县径流深均在 200~250 mm。

从全市范围来看,驻马店市南部地表水资源量较北部为丰,地表水资源量由西南向东北递减。

表 4-8 驻马店市地表水资源量（按水资源分区）

流域名称	统计年限	统计参数			不同频率年水资源量/亿 m³			
		均值/亿 m³	C_v	C_v/C_s	$P=20\%$	$P=50\%$	$P=75\%$	$P=95\%$
王家坝以上北岸区	1956—2016	29.428 4	0.74	2.0	44.539 0	24.257 4	13.441 9	4.629 9
	1956—2000	30.021 4	0.74	2.0	45.495 5	24.689 7	13.624 8	4.651 1
	1980—2016	28.646 1	0.80	2.5	42.612 5	21.614 0	12.322 0	6.904 7
王蚌区间	1956—2016	1.277 6	0.77	2.5	1.891 5	0.982 0	0.569 2	0.317 0
	1956—2000	1.338 8	0.90	2.5	2.019 2	0.934 7	0.502 6	0.295 9
	1980—2016	1.146 5	0.90	2.5	1.729 1	0.800 4	0.430 4	0.253 4
唐白河	1956—2016	4.165 7	0.70	2.0	6.221 8	3.508 6	2.023 5	0.759 0
	1956—2000	4.791 6	0.70	2.0	7.156 7	4.035 8	2.327 5	0.873 1
	1980—2016	3.715 1	0.70	2.5	5.409 4	3.000 3	1.828 5	1.015 8
驻马店市	1956—2016	34.871 7	0.72	2.0	52.457 3	29.041 9	16.400 3	5.882 9
	1956—2000	35.849 8	0.72	2.0	53.968 7	29.820 0	16.801 8	5.997 9
	1980—2016	33.507 6	0.74	2.5	49.211 2	26.434 7	15.715 9	8.714 8

表 4-9 驻马店市九县一区地表水资源量

行政区域	统计年限	统计参数			不同频率年水资源量/亿 m³			
		均值/亿 m³	C_v	C_v/C_s	$P=20\%$	$P=50\%$	$P=75\%$	$P=95\%$
驿城区	1956—2016	3.268 8	0.75	2.00	4.961 7	2.680 5	1.471 5	0.496 7
	1956—2000	3.403 3	0.74	2.00	5.152 2	2.804 0	1.552 5	0.533 8
	1980—2016	3.101 4	0.85	2.50	4.649 9	2.253 7	1.246 2	0.712 5
西平县	1956—2016	2.299 5	0.82	2.00	3.564 2	1.806 1	0.919 1	0.262 5
	1956—2000	2.360 1	0.83	2.00	3.664 5	1.845 8	0.932 5	0.262 0
	1980—2016	2.252 4	0.84	2.00	3.508 5	1.747 7	0.871 1	0.237 5
上蔡县	1956—2016	2.607 7	0.81	2.00	4.032 0	2.059 8	1.058 4	0.308 9
	1956—2000	2.693 3	0.90	2.00	4.252 7	2.010 9	0.940 1	0.221 5
	1980—2016	2.502 6	0.84	2.50	3.748 7	1.827 4	1.014 3	0.578 1
平舆县	1956—2016	2.625 6	0.89	2.00	4.139 2	1.970 3	0.928 7	0.223 0
	1956—2000	2.694 8	0.89	2.00	4.244 6	2.027 6	0.960 0	0.232 9
	1980—2016	2.604 6	1.00	2.00	4.192 0	1.805 4	0.749 3	0.133 6

续表 4-9

行政区域	统计年限	统计参数			不同频率年水资源量/亿 m³			
		均值/亿 m³	C_v	C_v/C_s	$P=20\%$	$P=50\%$	$P=75\%$	$P=95\%$
正阳县	1956—2016	4.532 3	0.65	2.00	6.645 5	3.916 6	2.373 4	0.987 4
	1956—2000	4.369 6	0.63	2.00	6.367 5	3.804 8	2.341 0	1.004 8
	1980—2016	4.631 5	0.67	2.00	6.853 6	3.953 8	2.339 5	0.926 2
确山县	1956—2016	4.648 9	0.66	2.00	6.849 2	3.992 3	2.389 8	0.969 3
	1956—2000	4.786 9	0.67	2.00	7.085 2	4.085 2	2.415 9	0.955 3
	1980—2016	4.391 5	0.65	2.50	6.307 4	3.656 5	2.308 8	1.297 8
泌阳县	1956—2016	6.212 2	0.66	2.00	9.156 4	5.331 8	3.188 1	1.290 1
	1956—2000	6.652 0	0.66	2.00	9.813 9	5.702 2	3.401 2	1.369 2
	1980—2016	5.560 7	0.70	2.50	8.096 8	4.490 8	2.736 8	1.520 5
汝南县	1956—2016	3.179 6	0.86	2.00	4.974 5	2.439 1	1.192 5	0.311 3
	1956—2000	3.252 5	0.85	2.00	5.071 8	2.516 8	1.248 7	0.336 9
	1980—016	3.141 8	0.90	2.00	4.959 1	2.348 7	1.100 1	0.260 4
遂平县	1956—2016	2.628 9	0.77	2.00	4.019 4	2.126 4	1.139 0	0.364 4
	1956—2000	2.743 2	0.80	2.00	4.225 3	2.185 3	1.139 6	0.343 7
	1980—2016	2.498 6	0.90	2.50	3.768 5	1.744 4	0.938 1	0.552 3
新蔡县	1956—2016	2.868 2	0.82	2.00	4.442 0	2.257 0	1.152 2	0.331 5
	1956—2000	2.894 1	0.81	2.00	4.464 3	2.297 9	1.191 5	0.354 8
	1980—2016	2.822 5	0.86	2.00	4.412 0	2.170 1	1.065 1	0.280 5

4.4.2　与二次评价结果对比

驻马店市第三次全国水资源调查评价工作是在第一、第二次全国水资源调查评价,第一次全国水利普查等已有成果基础上,继承并进一步丰富评价内容,改进评价方法,全面摸清 60 余年来我国水资源状况变化,重点把握 2001 年以来水资源及其开发利用的新情势、新变化。

与第二次评价相比,评价分区更细致。本次评价分区按照全国统一的分区进行,流域分区与行政区域有机结合,保持行政区域和流域分区的统分性、组合性与完整性,并充分考虑水资源管理的要求。水资源分区评价成果单元包括一级、二级、三级、四级水资源区,行政分区评价成果单元包括省级、市级和县级行政区。本次水资源调查评价成果汇总单元为水资源四级区套市级行政区及县级行政区。二次评价成果汇总单元为水资源三级区套市级行政区。

天然河川径流计算方法变化较大,首先,对于本次评价,水面蒸发损失量不再进行还原;其次,在选用水文站还原计算的基础上,需对其同步期逐年天然河川径流量进行系列一致性分析。通过对选用水文站的降水-径流关系分析,检查 1956—2016 年天然河川径流系列的一致性,在此基础上确定需要进行系列修正的水文站。本次评价涉及径流还原的 12 个水文站,经过分析,不需要进行径流一致性修正。

4.4.2.1 全市成果对比

本次评价 1956—2016 年系列,全市多年平均地表水资源量为 34.871 7 亿 m^3,与二次评价成果(36.279 3 亿 m^3)相比,减少 1.407 6 亿 m^3,减少幅度 3.88%。驻马店市地表水资源量呈显著减少趋势,这与前面分析的河川径流演变趋势相一致,见表 4-10。

表 4-10 驻马店市地表水资源量成果对比

行政区	二次评价成果 (1956—2000 年)/ 亿 m^3	本次评价成果 (1956—2016 年)/ 亿 m^3	本次评价成果与二次评价成果比较	
			增减/亿 m^3	幅度/%
驻马店市	36.279 3	34.871 7	-1.407 6	-3.88

4.4.2.2 水资源分区成果对比

本次评价 1956—2016 年系列,多年平均地表水资源量增加的水资源三级区有唐白河区,相比二次评价增加 0.050 9 亿 m^3,增加幅度为 1.2%。其余水资源三级区地表水资源量相比二次评价均有不同程度的减少,王家坝以上北岸区北岸减少幅度均在 3.9%~4.8%,见表 4-11。

表 4-11 驻马店市水资源三级区地表水资源量成果对比

三级区	面积/ km^2	二次评价 均值/亿 m^3	本次评价/亿 m^3 1956—2016 年 均值	本次评价与二次评价比较 1956—2016 年	
				增减/亿 m^3	比例/%
王家坝以上 北岸区北岸	15 613	30.823 1	29.428 4	-1.394 7	-4.5
王蚌区间北岸	46 477	1.341 4	1.277 6	-0.063 8	-4.8
唐白河	19 426	4.114 8	4.165 7	0.050 9	1.2
全市	15 095	36.279 3	34.871 7	-1.407 6	-3.9

第 5 章　地下水资源

5.1　水文地质条件

5.1.1　地下水类型及分布

驻马店市地下水主要为松散沉积物孔隙水和碳酸盐岩岩溶裂隙水两大类型。

由于地质构造与地貌条件的差异,松散沉积物孔隙水又划分为三种类型:山前平原第四系冲洪积砂砾石孔隙浅层地下水,黄淮海平原第四系冲积、冲湖积多层砂层孔隙浅层地下水及深层承压水,河谷盆地第四系冲洪积、冲积砂砾石孔隙浅层地下水。根据水文地质条件分析,驻马店市黄淮海平原区浅层潜水含水层底板埋深一般为 50~70 m,第 2 组承压水底板埋深大多为 300~350 m,第 3 组承压水底板埋深一般为 600~800 m。

5.1.2　区域水文地质特征

5.1.2.1　松散沉积物孔隙水

1.黄淮海平原

驻马店市的大部分平原区域位于黄淮海平原,属于淮河上游冲洪积平原区,平原区浅层地下水以降水入渗补给为主。在广大冲积和冲湖积平原区,含水层以中细砂、细砂及少量砂砾石为主,含水层厚度一般为 40~80 m,具有砂层、黏性土相间组成的多层结构特征,形成多层承压水,单井出水量一般为 1 000~2 000 m³/d,水质较好。深层承压水主要接受侧向径流补给,微承压水主要接受侧向径流补给和浅层地下水的越流补给。

2.河谷盆地

驻马店市泌阳县平原区属于南阳盆地的河谷平原,其主要水文地质特征为浅层地下水,埋藏一般小于 60 m,含水层以砂砾石为主,颗粒粗,厚度大,富水性强,与河水水力联系密切,补给条件好,为工农业生产的主要供水水源。

南阳盆地浅部地下水沿唐河河谷及主要支流呈带状分布,赋存于上更新统和全新统洪冲积中细砂、砂砾石含水层,厚度 10~25 m,底板埋深 20~30 m,单井出水量一般可达 2 000~3 000 m³/d,为强富水区和极强富水区。

5.1.2.2　碳酸盐岩岩溶裂隙水

碳酸盐岩岩溶裂隙水分为碳酸盐岩类和碳酸盐岩类夹碎屑岩类含水岩组。

碳酸盐岩类含水岩组由灰岩、白云质灰岩、泥质灰岩组成。一般形成裂隙岩溶水,其富水程度受构造及裂隙岩溶发育的制约,在侵蚀基面以下,有较丰富的地下水,往往有大泉出露。

碳酸盐岩类夹碎屑岩类含水岩组由白云质灰岩、泥质条带状灰岩、鲕状灰岩类砂岩、页岩、砂页岩组成,主要分布在确山、泌阳一带。富水性中等,且分布不均匀。

5.1.3 地下水补排条件及动态类型

5.1.3.1 地下水的补给与排泄

驻马店市地下水的主要补给来源为降水入渗补给和地表水体渗漏补给。地下水的排泄主要以径流形式排入河道。在山前地带,地下水向平原区侧向排泄。

平原地区,地势平坦,植物茂盛,水土不易流失,地表又多分布着亚砂土、粉细砂、亚黏土,降水易于渗入,补给浅层地下水。平原地区浅层地下水水力坡度较小,径流迟缓,加之气候条件,地下水主要消耗于蒸发及人工开采。

5.1.3.2 平原地区浅层地下水动态类型

驻马店市浅层地下水埋藏浅,易开采。地下水主要受降水、渠系渗漏及山前地下水侧向径流补给,消耗于蒸发和人工开采及河道排泄。根据其补排情况,造成的动态变化类型也有差别,一般主要归纳为以下几种:

(1)入渗—蒸发型。以降水入渗补给为主,其次是地表水灌溉补给,地下水开采水平低,主要消耗于蒸发。

(2)入渗—蒸发、开采型。地下水以降水入渗补给为主,其次是地表水灌溉补给。地下水主要消耗于蒸发和开采,垂直交替强烈。

5.2 评价基础

本次评价的地下水资源量是指与当地降水和地表水体有直接水力联系、参与水循环且可以逐年更新的动态水量,即浅层地下水资源量。

本次地下水资源量评价期为2001—2016年,是在收集大量资料的基础上,对近期下垫面条件下多年平均浅层地下水资源量及其分布特征进行的全面评价。评价时按照矿化度(用溶解性总固体表示,下同)$M \leqslant 2$ g/L 和 $M > 2$ g/L 两个分级分别进行。

5.2.1 基础资料

本次地下水资源调查评价,收集的资料主要包括以下内容:

(1)地形、地貌及水文地质资料。

(2)水文气象资料:1956—2016年全市水文系统和部分气象系统的降水与蒸发资料,15个典型代表站的2001—2016年径流资料。

(3)地下水位动态监测资料:全市人工地下水监测井水位与埋深系列观测资料,并从中重点筛选出资料比较可靠、系列较长的监测井作为分析井。

(4)地下水实际开采量资料及引水灌溉资料:2001—2016年期间各县(区)地下水开采量、地表水灌溉水量资料。

(5)地下水水质资料:地下水监测井水质资料。

5.2.2 评价分区

5.2.2.1 评价类型区

以水资源三级区为基础,根据驻马店市地形地貌及水文地质条件进行评价类型区划分,依次划分为Ⅰ~Ⅲ级类型区。

(1)Ⅰ级类型区划分为平原区、山丘区两类。平原区地下水类型以松散岩类孔隙水为主,山丘区地下水类型为基岩裂隙水。

(2)Ⅱ级类型区划分为三类,其中将平原区划分为一般平原区、山间平原区(包括山间盆地平原区、山间河谷平原区)两类Ⅱ级类型区。山丘区为一般山丘区(以基岩裂隙水为主)。

一般平原区,包括山前倾斜平原区、平坦平原区,驻马店市一般平原区主要为黄淮海平原区;山间平原区指四周被群山环抱,或分布于河道两岸的平原区,如南阳盆地等。一般山丘区指由非可溶性基岩构成的山地或丘陵,地下水类型以基岩裂隙水为主。

(3)Ⅲ级类型区是在Ⅱ级类型区基础上划分的计算单元,是计算各项资源量的基本计算分区。

平原区Ⅲ级类型区划分:在水资源三级区内,将包气带岩性分区图、矿化度分区图相互切割的区域作为Ⅲ级类型区,即同一Ⅲ级类型区具有基本相同的包气带岩性、矿化度值。

山丘区Ⅲ级类型区划分:参照水文站分布情况等,在Ⅱ级类型区的基础上,将山丘区中水资源三级区切割县级行政区的区域作为Ⅲ级类型区。

驻马店市共划分了Ⅲ级类型区5个,其中淮河流域3个,长江流域2个,见表5-1。

表 5-1　驻马店市地下水类型区名称及划分依据一览

Ⅰ级类型区		Ⅱ级类型区		Ⅲ级类型区	
划分依据	名称	划分依据	名称	划分依据	名称
区域地形地貌特征	平原区	次级地形地貌特征、含水层岩性及地下水类型	一般平原区	水文地质条件、地下水埋深、包气带岩性特征及厚度	均衡计算区
					王家坝以上北岸平原区、王蚌区间北岸平原区
			山间平原区(包括山间盆地平原区、山间河谷平原区和黄土高原台塬区)		均衡计算区
					唐白河平原区
	山丘区		一般山丘区		均衡计算区
					王家坝以上北岸山丘区、唐白河山丘区

5.2.2.2 评价单元

本次将Ⅲ级类型区作为地下水资源量评价的计算单元,Ⅱ级类型区套县级行政区分别作为地下水资源量评价的分析单元,将县级行政区、水资源三级区作为汇总单元。

按计算单元开展地下水资源量评价工作,在此基础上计算分析单元、汇总单元、重点流域的地下水资源量,并将成果汇总至三级水资源分区、县级行政分区。

5.2.2.3 计算面积

驻马店市评价面积为 15 095 km²,其中平原区面积为 10 895 km²,山丘区面积为 4 200 km²。平原区Ⅲ级类型区总面积扣除水面面积和其他不透水面积后,称平原区计算面积。不透水面积包括公路面积、城市与村镇建筑占地面积等。山丘区计算面积即为评价面积。根据调查统计,驻马店市平原区不透水及水面面积为 1 386 km²,全市平原区地下水计算面积为 9 509 km²。各水资源分区地下水资源评价及计算面积见表 5-2。

表 5-2 驻马店市水资源分区地下水资源评价及计算面积　　单位:km²

所在水资源分区		平原区		山丘区	分区合计
		评价面积	其中计算面积	评价面积	
淮河流域	王家坝以上北岸	9 806	8 551	2 693	12 499
	王蚌区间北岸	963	847		963
长江流域	唐白河	126	111	1 507	1 633
合计		10 895	9 509	4 200	15 095

5.2.2.4 地下水矿化度分区

本次评价地下水矿化度分区图是河南省根据国家地下水监测工程成井水质化验成果绘制得来的,由河南省平原区地下水矿化度分区可知,驻马店市均属于 $M \leqslant 1 \text{ g/L}$ 淡水区。

5.2.3 水文地质参数的确定

5.2.3.1 给水度 μ 值

给水度是指饱和岩土在重力作用下自由排出水的体积与该饱和岩土体积的比值。本次依据河南省第三次水资源调查评价计算分区,选取代表性地区,采集土样 10 组采用筒测法测定给水度;进行非稳定流抽水试验 12 组,采用仿泰斯公式、博尔顿滞后疏干模型和纽曼考虑垂直流动分量模型求取给水度;选取 100 余眼监测井,根据地下水动态及蒸发资料,按照阿维里扬诺夫公式,分别计算出 4 种岩性(细砂、粉砂、粉土、粉质黏土)的给水度,并收集了数十个水源地等项目采用的给水度 μ 值,通过对以上三种方法的结果和以往工作采用的给水度进行比对复核,综合确定本次的给水度 μ 值,根据驻马店市的土壤岩性,不同水资源分区给水度一般取值 0.035~0.04。给水度 μ 值成果见表 5-3。

表 5-3　给水度 μ 值成果

岩性	细砂	粉砂	粉土	粉质黏土
计算 μ 值	0.16~0.21	0.06~0.12	0.04~0.06	0.03~0.042
水源地采用 μ 值	0.15~0.20	0.05~0.10	0.04~0.055	0.03~0.048

5.2.3.2　降水入渗补给系数

降水入渗补给系数是指降水入渗补给量 P_r 与相应降水量 P 的比值。影响该系数值大小的因素很多,主要有包气带岩性、地下水埋深、降水量大小和强度、土壤前期含水量、微地形地貌、植被及地表建筑设施等。

依据河南省第三次水资源调查评价计算分区及收集并筛选出 100 余眼监测井 2016 年全年观测资料,根据监测井的地下水埋深数据(2016 年)及相对应的雨量站降水量数据(2016 年),采用公式 $\alpha = \dfrac{\Delta h \cdot \mu}{P}$ 计算出 2016 年 4 种岩性(粉质黏土、粉土、粉砂、细砂)不同埋深、不同降水量情况下的降水入渗系数 α 的系列值。

通过动态资料法和地中渗透仪法两种方法对降水入渗系数进行计算,对不同方法的结果进行比对复核,点绘不同时段不同岩性的试验柱 α-Δ 关系曲线(降水入渗系数-埋深关系曲线),并结合收集的水文地质调查报告、水源地水文地质勘察报告计算的 α 值,综合确定本次降水入渗系数。根据驻马店市历年降水量及地下水埋深状况,不同土壤岩性的水资源分区多年平均降水入渗补给系数在 0.15~0.19。驻马店市平原区年均降水入渗系数见表 5-4。

表 5-4　驻马店市平原区年均降水入渗系数

水资源分区		地下水类型区		降水入渗系数
淮河流域	王家坝以上北岸	黄淮海平原	一般平原区	0.186
	王蚌区间北岸	黄淮海平原	一般平原区	0.188
长江流域	唐白河	南襄山间平原区	山间平原区	0.150
全市				0.185

5.2.3.3　浅层地下水资源评价方法

地下水资源量评价工作在计算单元划分的基础上开展,平原区地下水资源量采用补给量法计算,山丘区采用地下水资源量排泄量法计算。对分析单元内的完整计算单元,直接采用其各项补给量、排泄量计算成果;对分析单元内的不完整计算单元,根据各项补给量模数、排泄量模数,采用面积加权法计算其各项补给量、排泄量。将分析单元范围内所有计算单元的各项补给量、排泄量分别相加,作为该分析单元的相应补给量、排泄量。在此基础上计算分析单元的地下水资源量,最后将成果汇总至相应水资源分区、行政分区、重点流域等汇总单元。

1. 平原区地下水资源量评价方法及要求

本次评价的平原区地下水资源量,是指在近期下垫面条件下,由降水、地表水体入渗

补给及侧向补给地下含水层的动态水量。评价原理采用水均衡法,用公式表示为

$$Q_{总补} = Q_{总排} + \Delta W \tag{5-1}$$

其中
$$Q_{总补} = P_r + Q_{地表水体补} + Q_{山前} + Q_{井归}$$

$$Q_{总排} = Q_{开采} + Q_{河排} + W_E$$

式中:$Q_{总补}$、$Q_{总排}$ 分别为多年平均地下水总补给量、地下水总排泄量;ΔW 为地下水蓄变量,水位下降时为负值,水位上升时为正值;P_r 为降水入渗补给量;$Q_{山前}$ 为山前侧向补给量;$Q_{井归}$ 为井灌回归补给量;$Q_{开采}$ 为浅层地下水开采量;$Q_{河排}$ 为河道排泄量;W_E 为潜水蒸发量;$Q_{地表水体补}$ 为地表水体补给量,包括河道渗漏补给量、库塘渗漏补给量、渠系渗漏补给量、渠灌田间入渗补给量及以地表水为回灌水源的人工回灌补给量。

平原区地下水资源量($Q_{平原}$)等于总补给量与井灌回归补给量的差值,即

$$Q_{平原} = Q_{总补} - Q_{井归} \quad 或 \quad Q_{平原} = P_r + Q_{地表水体补} + Q_{山前} \tag{5-2}$$

平原区地下水资源量评价项目均值计算要求见表 5-5。

表 5-5　平原区地下水资源量评价项目均值计算要求(2001—2016 年)

评价项目		地下水资源量计算要求	水资源总量系列计算要求	综合要求
补给量	降水入渗补给量	2001—2016 年平均值	2001—2016 年逐年值	先计算 2001—2016 年逐年值,再取平均值
	山前侧向补给量			
	其他补给量		—	直接计算 2001—2016 年平均值
排泄量	河道排泄量及其中由降水入渗补给量形成的部分		2001—2016 年逐年值	先计算 2001—2016 年逐年值,再取平均值
	其他排泄量		—	直接计算 2001—2016 年平均值
蓄变量			—	直接计算 2001—2016 年平均值

1)各项补给量的计算

(1)降水入渗补给量。降水入渗补给量 P_r 指降水渗入土壤中并在重力作用下渗透补给地下水的水量,按下式计算:

$$P_r = 10^{-1} \alpha P F \tag{5-3}$$

式中:P_r 为降水入渗补给量,万 m^3;α 为降水入渗补给系数;P 为年降水量,mm;F 为面积,km^2。

降水量采用各计算单元 2001—2016 年逐年的面平均降水量;α 值根据多年年均地下水埋深值和年降水量,从已建立的相应包气带不同岩性 $P_年 - \alpha_年 - H_年$ 关系曲线查得,从而计算出 2001—2016 年系列及多年平均降水入渗补给量值。

(2)山前侧向补给量。山前侧向补给量指发生在山丘区与平原区交界面上,山丘区浅层地下水以地下水潜流形式补给平原区浅层地下水的水量。沿山丘区与平原区界线做垂向计算断面,然后采用地下水动力学法按式(5-4)逐年计算山前侧向补给量:

$$Q_{侧补} = 10^{-4} KILMT \tag{5-4}$$

式中：$Q_{侧补}$为年山前侧向补给量，万 m^3；K为剖面位置的渗透系数，m/d；I为年垂直于计算断面的水力坡度；L为年计算断面长度，m；M为年含水层厚度，从地下水位至第 1 个含水层的底板，m；T为年内计算时间，采用 365 d。

(3)河道渗漏补给量。当河道内河水与地下水有水力联系，且河水水位高于河道岸边地下水位时，河水渗漏补给地下水。首先沿单侧河道段做垂向计算断面，然后可采用地下水动力学法按下式计算单侧河道段的河道渗漏补给量：

$$Q_{河补} = 10^{-4} KIALt \tag{5-5}$$

式中：$Q_{河补}$为年内 t 时段单侧河道段侧向渗漏补给量，万 m^3；A为单侧河每米河长计算断面面积，m^2/m；t为年内发生河道渗漏补给的天数，d；其他符号意义同前。

直接计算多年平均河道渗漏补给量时，I、A、L、t应采用 2001—2016 年的年均值。

(4)湖库渗漏补给量。当湖泊、水库的蓄水水位高于岸边地下水位时，湖库等蓄水体渗漏补给岸边地下水。要求计算平原区总库容大于 1 000 万 m^3 的大中型水库和湖泊的渗漏补给量。计算公式如下：

$$Q_{湖库补} = Q_{入湖库} + P_{湖库} - E_{0湖库} - Q_{出湖库} - E_{浸} - Q_{蓄变} \tag{5-6}$$

式中：$Q_{湖库补}$为年湖库渗漏补给量，万 m^3；$Q_{入湖库}$为年内入湖库的水量，万 m^3；$P_{湖库}$为湖库水面面积上的年降水量，万 m^3；$E_{0湖库}$为湖库水面面积上的年蒸发量，应与本次水面蒸发量评价成果衔接协调，万 m^3；$Q_{出湖库}$为年内出湖库的水量，万 m^3；$E_{浸}$为年内湖库周边浸润带的蒸散发量，万 m^3；$Q_{蓄变}$为年末与年初湖库蓄水量之差，万 m^3。

直接计算多年平均湖库渗漏补给量时，$Q_{入湖库}$、$Q_{出湖库}$、$P_{湖库}$、$E_{浸}$、$E_{0湖库}$、$Q_{蓄变}$应采用 2001—2016 年的年均值。也可采用湖库蓄水量的比例法简化计算。

(5)渠系渗漏补给量。渠系是指干、支、斗、农、毛各级渠道的统称。渠系水位一般均高于其岸边的地下水位，故渠系水一般均补给地下水。渠系渗漏补给量只计算到干渠、支渠两级，可采用地下水动力学法按式(5-5)计算渠系两侧的渗漏补给量；还可以按下式计算：

$$Q_{渠系补} = mQ_{渠首引} \tag{5-7}$$

式中：$Q_{渠系补}$为年渠系渗漏补给量，万 m^3；m为渠系渗漏补给系数，可用式 $m = (1-\eta)\gamma$ 计算，η为渠系水有效利用系数，γ为渠系渗漏补给地下水的水量与渠系损失水量的比值；$Q_{渠首引}$为年干渠渠首引水量，万 m^3。

直接计算多年平均渠系渗漏补给量时，$Q_{渠首引}$应采用 2001—2016 年的年均值。

(6)渠灌田间入渗补给量。包括斗、农、毛三级渠道的渗漏补给量和渠灌水进入田间的入渗补给量两部分，可按下式计算：

$$Q_{渠灌补} = \beta_{渠} Q_{渠田} \tag{5-8}$$

式中：$Q_{渠灌补}$为年渠灌田间入渗补给量，万 m^3；$\beta_{渠}$为渠灌田间入渗补给系数；$Q_{渠田}$为年斗渠渠首引水量，万 m^3。

直接计算多年平均渠灌田间入渗补给量时，$Q_{渠田}$应采用 2001—2016 年的年均值。

对于水稻田,在水稻生长期内,田间的地表面始终处于积水状态,积水包括降水和渠灌水。积水除水面蒸发消耗和通过排水渠排出田间外,还形成对地下水的补给。水稻田水稻生长期渠灌田间入渗补给量可按下式计算:

$$Q_{水田渠灌补} = 10^{-1}Y\varphi F_{水} t' \tag{5-9}$$

$$Y = Q_{渠田} / (P + Q_{渠田}) \tag{5-10}$$

式中:$Q_{水田渠灌补}$为年水稻田水稻生长期渠灌田间入渗补给量,万 m^3;$Q_{渠田}$为年水稻田水稻生长期斗渠渠首引水量,万 m^3;P 为年水稻田水稻生长期降水量,万 m^3;φ 为稳渗率,mm/d;$F_{水}$为年水稻田面积,km^2;t'为年水稻生长期,d。

直接计算多年平均水稻田水稻生长期渠灌田间入渗补给量时,$Q_{渠田}$、P、$F_{水}$、t'应采用 2001—2016 年的年均值。

(7)人工回灌补给量。根据回灌方式,分别采用下列计算方法:

①借助井孔进行人工回灌,称为点式回灌。以进入井孔的水量作为人工回灌补给量。

②借助河渠进行人工回灌,称为线式回灌。可分别按计算河道渗漏补给量的式(5-5)和计算渠系渗漏补给量的式(5-7)计算人工回灌补给量。

③借助湖库或田面进行人工回灌,称为面式回灌。可分别按计算湖库渗漏补给量的式(5-6)或计算渠灌田间入渗补给量的式(5-8)计算人工回灌补给量。

(8)地表水体补给量。包括河道渗漏补给量(含河道对傍河地下水水源地的补给量)、湖库渗漏补给量、渠系渗漏补给量、渠灌田间入渗补给量、以地表水为水源的人工回灌补给量。为满足平原区与上游山丘区地下水重复计算量的评价要求,需计算地表水体补给量中由山丘区河川基流形成的部分。鉴于平原区地表水体补给量的水源主要来自上游山丘区,可采用下式近似计算由山丘区河川基流形成的地表水体补给量:

$$Q_{基补} \approx \zeta Q_{表补} \tag{5-11}$$

式中:$Q_{基补}$为由山丘区河川基流形成的年地表水体补给量,万 m^3;ζ 为山丘区基径比;$Q_{表补}$为年地表水体补给量,万 m^3。

(9)井灌回归补给量。井灌回归补给量指开采的地下水进入田间后,入渗补给地下水的水量,可按下式计算:

$$Q_{井归} = \beta^* Q_{农开} \tag{5-12}$$

式中:$Q_{井归}$为年井灌回归补给量,万 m^3;β^*为井灌回归补给系数;$Q_{农开}$为用于农业灌溉的年地下水开采量,万 m^3。

直接计算多年平均井灌回归补给量时,$Q_{农开}$应采用 2001—2016 年的年均值。

2)各项排泄量的计算

排泄量包括地下水实际开采量、潜水蒸发量、河道排泄量、侧向流出量、湖库排泄量、其他排泄量(包括矿坑排水量、基坑降水排水量等)。各项排泄量之和为总排泄量。

(1)地下水实际开采量。地下水实际开采量采用调查、统计的方法计算,单位为万 m^3。

(2)潜水蒸发量。潜水蒸发量可按下式计算:

$$E_g = 10^{-1}CE_{601}F \tag{5-13}$$

式中：E_g 为年潜水蒸发量，万 m^3；C 为潜水蒸发系数；E_{601} 为 E601 型蒸发器观测的年水面蒸发量，应与本次蒸发量评价成果衔接协调，mm；F 为面积，km^2。

直接计算多年平均潜水蒸发量时，水面蒸发量 E_{601} 应采用 2001—2016 年的年均值。

（3）河道排泄量。当河道内河水水位低于岸边地下水位时，河道排泄地下水，排泄的水量称为河道排泄量。逐年河道排泄量的计算方法、计算公式和技术要求参见河道渗漏补给量的计算，各计算参数应采用当年值，缺乏资料的年份，可根据邻近年份的资料采用趋势法进行插补。

（4）侧向流出量。以地下潜流形式流出计算单元的水量称为侧向流出量。一般采用地下水动力学法计算，即沿计算单元的地下水下游边界切割计算剖面，计算侧向流出量。

（5）湖库排泄量。当湖泊、水库水位低于岸边地下水位时，湖泊、水库排泄地下水，排泄的水量称为湖库排泄量。湖库排泄量的计算方法、计算公式和技术要求参见湖库渗漏补给量的计算。

（6）其他排泄量。包括矿坑排水量、基坑降水排水量等，可采取调查估算等方法确定。

3）浅层地下水蓄变量

地下水蓄变量可按下式计算：

$$\Delta W = 10^2 (Z_1 - Z_2) \mu F / T' \tag{5-14}$$

式中：ΔW 为 2001—2016 年平均地下水蓄变量，万 m^3，当 2001 年初地下水埋深大于 2016 年末地下水埋深时为正值，即地下水储存量增加，反之为负值，即地下水储存量减少；Z_1 为 2001 年初的平均地下水埋深，m，可根据各地下水埋深监测井 2001 年年初监测资料，采用面积加权法确定；Z_2 为 2016 年末的平均地下水埋深，m，可根据各地下水埋深监测井 2016 年末监测资料，采用面积加权法确定；μ 为 Z_1 与 Z_2 之间岩土层的给水度；T' 为评价年数，a；F 为面积，km^2。

4）平原区地下水均衡分析

以Ⅱ级类型区套水资源三级区再套省级行政区为单元（含区内矿化度 $M \leq 2$ g/L 的计算单元和矿化度 $M>2$ g/L 的计算单元）进行水均衡分析，计算相对均衡差，以校验各项补给量、各项排泄量及地下水蓄变量计算成果的可靠性。无计算误差的水均衡公式为

$$Q_{总补} - Q_{总排} = \Delta W \tag{5-15}$$

考虑计算误差后，水均衡公式为

$$X = Q_{总补} - Q_{总排} - \Delta W \tag{5-16}$$

$$\delta = X / Q_{总补} \times 100\% \tag{5-17}$$

式中：$Q_{总补}$、$Q_{总排}$、ΔW、X 分别为Ⅱ级类型区套水资源三级区再套省级行政区 2001—2016 年多年平均地下水总补给量（区内各计算单元总补给量之和）、地下水总排泄量（区内各计算单元总排泄量之和）、地下水蓄变量、绝对均衡差，单位均为万 m^3；δ 为 2001—2016 年多年平均相对均衡差，用百分数表示。

当 $|\delta| \leq 15\%$ 时，各计算单元的各项补给量、各项排泄量，以及Ⅱ级类型区套水资源三级区再套省级行政区的地下水蓄变量即可确定；当 $|\delta| > 15\%$ 时，则需要对计算单元的各项补给量、各项排泄量以及Ⅱ级类型区套水资源三级区再套省级行政区的地下水蓄变量进

行核算,必要时,对相关水文地质参数重新定量,直到满足|δ|≤15%的要求。

2. 山丘区地下水资源量评价方法及要求

各计算单元的多年平均地下水资源量采用排泄量法计算,排泄量包括天然河川基流量、地下水开采净消耗量、潜水蒸发量、山前侧向流出量、山前泉水溢出量、其他排泄量(包括矿坑排水净消耗量等),以总排泄量作为地下水资源量。

3. 分区地下水资源量计算

由平原区分析单元和山丘区分析单元构成的汇总单元,其地下水资源量采用平原区与山丘区的地下水资源量相加,再扣除两者间重复计算量的方法计算,即

$$Q_{分区} = Q_{平原区} + Q_{山丘区} - Q_{重复} \tag{5-18}$$

式中:$Q_{分区}$、$Q_{平原区}$、$Q_{山丘区}$分别为汇总单元、汇总单元内平原区、汇总单元内山丘区的多年平均地下水资源量,万 m³;$Q_{重复}$为平原区与山丘区间多年平均地下水重复计算量,万 m³。

山前侧向补给量作为排泄量计入山丘区的地下水资源量(山前侧向流出量部分),又作为补给量计入平原区的地下水资源量,对汇总单元而言是重复计算量;平原区的地表水体补给量有部分来自于山丘区的河川基流量,而河川基流量已计入山丘区的地下水资源量中,因此由山丘区河川基流形成的平原区地表水体补给量也是重复计算量,即

$$Q_{重复} = Q_{侧补} + Q_{基补} \tag{5-19}$$

式中:$Q_{重复}$为汇总单元内平原区与山丘区间多年平均地下水重复计算量,万 m³;$Q_{侧补}$为汇总单元内平原区多年平均山前侧向补给量,万 m³;$Q_{基补}$为汇总单元内由山丘区河川基流形成的平原区多年平均地表水体补给量,万 m³。

4. 重点流域地下水资源量计算

对重点流域内的完整计算单元,直接采用平原区各项补给量和地下水资源量或山丘区各项排泄量和地下水资源量;对重点流域内的不完整计算单元,根据各项补给量模数、排泄量的模数,采用面积加权法计算其平原区各项补给量、山丘区各项排泄量。在此基础上计算重点流域地下水资源量。

5.3　地下水资源量

5.3.1　平原区地下水资源量

5.3.1.1　平原区浅层地下水补排均衡分析

对驻马店市平原区地下水全矿化度多年平均补排量进行水均衡分析,计算相对均衡差,以校验各项补给量、各项排泄量及地下水蓄变量计算成果的可靠性。水均衡指平原区多年平均地下水总补给量、总排泄量、蓄变量三者之间的平衡关系。考虑计算误差后的水均衡公式为

$$X = Q_{总补} - Q_{总排} - \Delta W \tag{5-20}$$
$$\delta = X/Q_{总补} \times 100\% \tag{5-21}$$

式中:$Q_{总补}$、$Q_{总排}$、ΔW、X分别为 2001—2016 年多年平均地下水总补给量(区内各计算单元总补给量之和)、地下水总排泄量(区内各计算单元总排泄量之和)、地下水蓄变量、绝

对均衡差,单位均为万 m³;δ 为 2001—2016 年多年平均相对均衡差,用百分数表示。

当|δ|≤15% 时,各计算单元的各项补给量、各项排泄量以及 Ⅱ 级类型区套水资源三级区的地下水蓄变量即可确定;当|δ|>15% 时,则需要对计算单元的各项补给量、各项排泄量以及地下水蓄变量进行核算,必要时,对相关水文地质参数重新定量,直到满足|δ|≤15% 的要求。驻马店市各分区平原区多年平均浅层地下水均衡分析见 5-6。

表 5-6　驻马店市各分区平原区多年平均浅层地下水均衡分析

所在水资源分区		总补给量/ (亿 m³/a)	总排泄量/ (亿 m³/a)	年均蓄变量/ (亿 m³/a)	绝对均衡差/ (亿 m³/a)	相对 均衡差/%
淮河流域	王家坝以上北岸	15.754 6	14.112 6	0.065 0	1.577 1	10.0
	王蚌区间北岸	1.390 6	1.491 3	0.001 3	-0.102 1	-7.3
长江流域	唐白河	0.159 4	0.185 8	-0.004 5	-0.021 9	-13.7
合计		17.304 6	15.789 7	0.061 8	1.453 1	8.4

通过计算分析,驻马店市平原区相对均衡差为 8.4%,其中王家坝以上北岸、王蚌区间北岸、唐白河三个水资源分区相对均衡差分别为 10.0%、-7.3%、-13.7%,相对均衡差均满足|δ|≤15% 的要求。

5.3.1.2　矿化度 $M \leqslant 2$ g/L 的地下水资源量

1. 补给量

平原区地下水补给量包括降雨入渗补给量、地表水体补给量、山前侧向补给量及井灌回归补给量。驻马店市平原区多年平均地下水矿化度 $M \leqslant 2$ g/L 总补给量为 17.304 6 亿 m³,其中王家坝以上北岸、王蚌区间北岸、唐白河三个水资源分区分别为 15.754 6 亿 m³、1.390 6 亿 m³、0.159 4 亿 m³。驻马店市水资源分区和行政分区各项补给量及总补给量成果分别见表 5-7、表 5-8。

表 5-7　驻马店市平原区浅层地下水多年平均补给量成果

所在水资源分区		面积/km²	降雨入渗补 给量/亿 m³	地表水体补 给量/亿 m³	山前侧向补 给量/亿 m³	井灌回归 量/亿 m³	总补给量/ 亿 m³
淮河 流域	王家坝 以上北岸	9 806	14.326 3	0.458 0	0.296 0	0.674 3	15.754 6
	王蚌区间 北岸	963	1.296 5			0.094 1	1.390 6
长江 流域	唐白河	126	0.147 3	0.009 6		0.002 5	0.159 4
合计		10 895	15.770 1	0.467 6	0.296 0	0.770 9	17.304 6

表 5-8　驻马店市各县(区)浅层地下水多年平均补给量成果

县(区)	面积/km²	降雨入渗补给量/亿 m³	地表水体补给量/亿 m³	山前侧向补给量/亿 m³	井灌回归量/亿 m³	总补给量/亿 m³
泌阳县	126	0.147 3	0.009 6		0.002 5	0.159 4
平舆县	1 281	1.821 3	0.075 9		0.124 5	2.021 7
确山县	601	0.903 8	0.049 9	0.114 0	0.014 6	1.082 4
汝南县	1 502	2.021 2	0.177 0		0.086 7	2.284 9
上蔡县	1 529	2.072 7	0		0.154 7	2.227 4
遂平县	865	1.255 4	0.018 0	0.102 0	0.036 7	1.412 2
西平县	1 017	1.486 9	0	0.004 0	0.087 9	1.578 9
新蔡县	1 453	2.224 4	0.039 6		0.132 1	2.396 0
驿城区	632	0.926 3	0.040 1	0.076 0	0.020 7	1.063 2
正阳县	1 889	2.910 7	0.057 5		0.110 5	3.078 7
合计	10 895	15.770 1	0.467 6	0.296 0	0.770 9	17.304 6

注:表中数据不闭合是由四舍五入引起的,余同。

2. 排泄量

平原区排泄量包括潜水蒸发量、河道排泄量、侧向流出量和浅层地下水实际开采量。驻马店市平原区多年平均总排泄量为 15.789 7 亿 m³,其中王家坝以上北岸、王蚌区间北岸、唐白河三个水资源分区分别为 14.112 6 亿 m³、1.491 3 亿 m³、0.185 8 亿 m³。驻马店市水资源分区和行政分区平原浅层地下水多年平均排泄量成果分别见表 5-9、表 5-10。

表 5-9　驻马店市水资源分区平原浅层地下水多年平均排泄量成果

所在水资源分区		面积/km²	浅层水开采量/亿 m³	潜水蒸发量/亿 m³	河道排泄量/亿 m³	总排泄量/亿 m³
淮河流域	王家坝以上北岸	9 806	5.423 2	5.195 4	3.494 0	14.112 6
	王蚌区间北岸	963	0.698 9	0.525 8	0.266 6	1.491 3
长江流域	唐白河	126	0.073 9	0.067 6	0.044 2	0.185 8
合计		10 895	6.196 1	5.788 8	3.804 8	15.789 7

表 5-10　驻马店市各县(区)平原浅层地下水多年平均排泄量成果

县(区)	面积/km²	浅层水开采量/亿 m³	潜水蒸发量/亿 m³	河道排泄量/亿 m³	总排泄量/亿 m³
泌阳县	126	0.032 3	0.067 6	0.044 2	0.144 1
平舆县	1 281	0.937 1	0.713 6	0.353 8	2.004 5
确山县	601	0.148 7	0.689 6	0.329 4	1.167 8
汝南县	1 502	0.712 5	0.450 6	0.586 1	1.749 2
上蔡县	1 529	1.189 6	0.406 0	0.422 3	2.017 9
遂平县	865	0.363 0	0.028 4	0.364 9	0.756 3
西平县	1 017	0.763 0	0.289 4	0.282 9	1.335 5
新蔡县	1 453	0.997 0	1.974 9	0.404 7	3.376 6
驿城区	632	0.191 4	0.020 1	0.266 6	0.478 0
正阳县	1 889	0.861 2	1.148 7	0.749 9	2.759 8
合计	10 895	6.196 1	5.788 8	3.804 8	15.789 7

5.3.1.3　平原区浅层地下水资源量

根据平原区地下水资源量评价方法和补给量计算成果,驻马店市平原区多年平均地下水资源量为 16.533 7 亿 m³,其中王家坝以上北岸、王蚌区间北岸、唐白河三个水资源分区分别为 15.080 3 亿 m³、1.296 5 亿 m³、0.156 9 亿 m³。

按补给项分类,在平原区地下水资源量中,降雨入渗补给量为 15.770 1 亿 m³,占 95.4%;地表水体补给量为 0.467 6 亿 m³,占 2.8%;山前侧向补给量为 0.296 0 亿 m³,占 1.8%。驻马店市水资源分区和行政分区平原浅层地下水资源量成果分别见表 5-11、表 5-12。

表 5-11　驻马店市水资源分区平原浅层地下水资源量成果

所在水资源分区		面积/km²	降雨入渗补给量/亿 m³	地表水体补给量/亿 m³	山前侧向补给量/亿 m³	平原区地下水资源量/亿 m³
淮河流域	王家坝以上北岸	9 806	14.326 3	0.458 0	0.296 0	15.080 3
	王蚌区间北岸	963	1.296 5			1.296 5
长江流域	唐白河	126	0.147 3	0.009 6		0.156 9
合计		10 895	15.770 1	0.467 6	0.296 0	16.533 7

表 5-12　驻马店市各县(区)平原浅层地下水资源量成果

县(区)	面积/km²	降雨入渗补给量/亿 m³	地表水体补给量/亿 m³	山前侧向补给量/亿 m³	平原区地下水资源量/亿 m³
泌阳县	126	0.147 3	0.009 6		0.156 9
平舆县	1 281	1.821 3	0.075 9		1.897 2
确山县	601	0.903 8	0.049 9	0.114 0	1.067 8
汝南县	1 502	2.021 2	0.177 0		2.198 2
上蔡县	1 529	2.072 7	0		2.072 7
遂平县	865	1.255 4	0.018 0	0.102 0	1.375 4
西平县	1 017	1.486 9	0	0.004 0	1.490 9
新蔡县	1 453	2.224 4	0.039 6		2.264 0
驿城区	632	0.926 3	0.040 1	0.076 0	1.042 5
正阳县	1 889	2.910 7	0.057 5		2.968 2
合计	10 895	15.770 1	0.467 6	0.296 0	16.533 7

5.3.2　山丘区地下水资源量

山丘区的地下水资源量,也就是山丘区的降水入渗补给量。山丘区地下水资源量一般根据排泄法来计算,即采用排泄量之和作为山丘区地下水资源量。山丘区排泄量包括天然河川基流量、山前泉水溢出量、山前侧向流出量、地下水实际开采净消耗量、潜水蒸发量及其他排泄量。其中,山前泉水溢出量指出露于山丘与平原交界处附近,未计入河川径流量的泉水;山丘区潜水蒸发量指划入山丘区中的小山间河谷平原的浅层地下水蒸发量;其他排泄量主要指矿坑排水净消耗量。本次评价的山丘区地下水资源量采用下式计算:

$$Q_{山} = Q_{基流} + Q_{山前侧} + Q_{山泉溢} + Q_{潜蒸} + W_{净耗} + Q_{其他排泄} \tag{5-22}$$

式中:$Q_{山}$ 为山丘区地下水资源量;$Q_{基流}$ 为天然河川基流量;$Q_{山前侧}$ 为山前侧向流出量;$Q_{山泉溢}$ 为山前泉水溢出量;$Q_{潜蒸}$ 为潜水蒸发量;$W_{净耗}$ 为地下水实际开采净消耗量;$Q_{其他排泄}$ 为其他排泄量。

5.3.2.1　天然河川基流量计算

河川基流量是指河川径流量中由地下水渗透补给河水的部分,是山丘区最主要的排泄量,本书采用分割河川径流过程线的方法来计算。

为计算天然河川基流量而选用的水文站(简称选用站)一般需符合下列要求:

(1)具有评价期(2001—2016 年)比较完整的逐日径流量观测资料。

（2）所控制的流域闭合，地表水与地下水的分水岭基本一致。

（3）单站的控制流域面积宜介于 300~5 000 km²，当选用站以上流域人类活动影响较大时，选用站的径流需进行还原计算。

根据以上选站原则，驻马店市选用芦庄、王勿桥 2 个水文站进行河川基流量分割计算。经计算，芦庄站多年平均基径比 0.32，平均基流模数 8.54 万 m³/km²；王勿桥站多年平均基径比 0.17，平均基流模数 4.20 万 m³/km²。

分区河川基流量计算：分区河川基流量根据基流分割站的逐年的河川基流量成果，依据地形地貌、水文气象、植被、水文地质条件来选取下垫面条件相同或类似的代表站，采用水文比拟法，按下式确定计算分区逐年河川基流量。

$$R_{g计算单元} = F_{计算单元} \times R_{g水文站} / F_{水文站} \tag{5-23}$$

式中：$R_{g计算单元}$、$R_{g水文站}$分别为计算单元、水文站的逐年河川基流量；$F_{计算单元}$、$F_{水文站}$分别为计算单元、水文站的面积。

经计算，驻马店市 2001—2016 年平均河川基流量为 3.588 9 亿 m³。

5.3.2.2　山前侧向流出量

山前侧向流出量即平原区山前侧向补给量，前面已做计算，驻马店市 2001—2016 年平均山前侧向流出量为 0.296 0 亿 m³。

5.3.2.3　浅层地下水实际开采量及开采净消耗量

从实际开采量中扣除用水过程中回归补给地下水量，即为开采净消耗量。

经调查统计和分析计算，驻马店市山丘区 2001—2016 年平均地下水实际开采量为 1.264 2 亿 m³，平均开采净消耗量为 0.961 2 亿 m³。

5.3.2.4　山丘区地下水资源量

驻马店市山丘区 2001—2016 年平均地下水资源量 4.846 1 亿 m³，山丘区地下水资源模数为 11.54 万 m³/km²。按排泄项分类，河川基流量为 3.588 9 亿 m³，占总排泄量的 74.1%；开采净耗量为 0.961 2 亿 m³，占总排泄量的 19.8%；山前侧渗量为 0.296 0 亿 m³，占总排泄量的 6.1%。驻马店市水资源分区和行政分区山丘区多年平均地下水资源量成果见表 5-13、表 5-14。

表 5-13　驻马店市水资源分区山丘区多年平均地下水资源量成果

所在水资源分区		面积/km²	河川基流量/亿 m³	山前侧渗量/亿 m³	开采净耗量/亿 m³	山丘区水资源量/亿 m³
淮河流域	王家坝以上北岸	2 693	2.301 2	0.296 0	0.659 8	3.257 0
	王蚌区间北岸					
长江流域	唐白河	1 507	1.287 7		0.301 4	1.589 1
合计		4 200	3.588 9	0.296 0	0.961 2	4.846 1

表 5-14 驻马店市各县（区）山丘区多年平均地下水资源量成果

县（区）	面积/km²	河川基流量/亿 m³	山前侧渗量/亿 m³	开采净耗量/亿 m³	山丘区水资源量/亿 m³
泌阳县	2 228	1.903 8		0.445 6	2.349 4
平舆县					
确山县	1 100	0.939 9	0.114 0	0.245 6	1.299 6
汝南县					
上蔡县					
遂平县	206	0.176 0	0.102 0	0.073 9	0.351 9
西平县	73	0.062 4	0.004 0	0.045 7	0.112 1
新蔡县					
驿城区	593	0.506 7	0.076 0	0.150 4	0.733 1
正阳县					
合计	4 200	3.588 9	0.296 0	0.961 2	4.846 1

5.3.3 分区地下水资源量

分区多年平均地下水资源量采用下式计算：

$$Q_{分区} = Q_{平原区} + Q_{山丘区} - Q_{重复} \qquad (5\text{-}24)$$

式中：$Q_{分区}$为汇总单元多年平均地下水资源量；$Q_{平原区}$为汇总单元内平原区多年平均地下水资源量；$Q_{山丘区}$为汇总单元内山丘区多年平均地下水资源量；$Q_{重复}$为平原区与山丘区间多年平均地下水重复计算量。

其中，平原区与山丘区间地下水重复计算量主要包括汇总单元内平原区多年平均山前侧向补给量和山丘区河川基流形成的平原区地表水体补给量。

根据分区地下水资源量计算方法及平原区、山丘区地下水资源量计算成果，驻马店市 2001—2016 年平均地下水资源量 21.071 7 亿 m³，其中平原区地下水资源量 16.533 7 亿 m³，山丘区地下水资源量 4.846 1 亿 m³，山丘区与平原区之间地下水的重复计算量为 0.308 1 亿 m³。驻马店市水资源分区、行政分区 2001—2016 年浅层地下水资源量成果见表 5-15 和表 5-16。

表 5-15　驻马店市水资源分区 2001—2016 年平均浅层地下水资源量成果

	所在水资源分区	面积/km²	山丘区地下水资源量/亿 m³	平原区地下水资源量/亿 m³	平原区与山丘区之间地下水重复计算量/亿 m³	分区地下水资源量/亿 m³
淮河流域	王家坝以上北岸	12 499	3.257 0	15.080 3	0.308 1	18.029 2
	王蚌区间北岸	963		1.296 5		1.296 5
长江流域	唐白河	1 633	1.589 1	0.156 9		1.746 0
	合计	15 095	4.846 1	16.533 7	0.308 1	21.071 7

表 5-16　驻马店市行政分区 2001—2016 年平均浅层地下水资源量成果

县（区）	面积/km²	山丘区地下水资源量/亿 m³	平原区地下水资源量/亿 m³	平原区与山丘区之间地下水重复计算量/亿 m³	分区地下水资源量/亿 m³
泌阳县	2 354	2.349 4	0.156 9		2.506 3
平舆县	1 281		1.897 2		1.897 2
确山县	1 701	1.299 6	1.067 8	0.126 1	2.241 3
汝南县	1 502		2.198 2		2.198 2
上蔡县	1 529		2.072 7		2.072 7
遂平县	1 071	0.351 9	1.375 4	0.102 0	1.625 3
西平县	1 090	0.112 1	1.490 9	0.004 0	1.599 0
新蔡县	1 453		2.264 0		2.264 0
驿城区	1 225	0.733 1	1.042 5	0.076 0	1.699 6
正阳县	1 889		2.968 2		2.968 2
合计	15 095	4.846 1	16.533 7	0.308 1	21.071 7

5.4　地下水补排结构

5.4.1　空间分布

地下水资源量主要受水文气象、地形地貌、水文地质条件、植被、水利工程等因素的影响,其区域分布情况一般可用资源模数来表示。

5.4.1.1 山丘区地下水资源分布特征

驻马店市山丘区地下水资源量模数 11.5 万 m³/km²,王家坝以上北岸区和唐白河区地下水资源量模数分别为 12.1 万 m³/km²、10.5 万 m³/km²,各县(区)山丘区地下水资源模数为 10 万~17 万 m³/km²。

驻马店市一般山丘区的地下水资源量模数分布特征大致呈现南部大、北部小的趋势。西平县、遂平县一般山丘区的地下水资源量模数在 15 万~18 万 m³/km²,驿城区、确山县一般山丘区的地下水资源量模数在 12 万 m³/km² 左右,泌阳县一般山丘区的地下水资源量模数在 10 万 m³/km² 左右。驻马店市山丘区地下水资源量模数见表 5-17、表 5-18 及图 5-1。

表 5-17 驻马店市各县(区)山丘区 2001—2016 年平均地下水资源量模数

县(区)	地下水资源量/亿 m³	面积/km²	地下水资源量模数/(万 m³/km²)
泌阳县	2.349 4	2 228	10.5
平舆县			
确山县	1.299 6	1 100	11.8
汝南县			
上蔡县			
遂平县	0.351 9	206	17.1
西平县	0.112 1	73	15.4
新蔡县			
驿城区	0.733 1	593	12.4
正阳县			
合计	4.846 1	4 200	11.5

表 5-18 驻马店市山丘区各水资源分区地下水资源量模数统计

所在水资源分区		地下水资源量/亿 m³	面积/km²	地下水资源量模数/(万 m³/km²)
淮河流域	王家坝以上北岸	3.257 0	2 693	12.1
	王蚌区间北岸			
长江流域	唐白河	1.589 1	1 507	10.5
合计		4.846 1	4 200	11.5

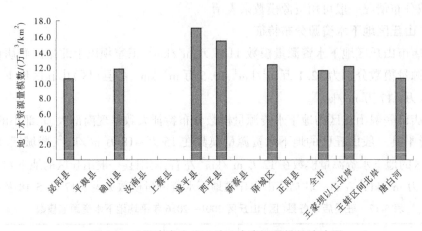

图 5-1　驻马店市山丘区地下水资源量模数统计图

5.4.1.2　平原区地下水资源分布特征

驻马店市平原区多年平均地下水资源量模数为 17.39 万 m^3/km^2,其中驻马店市平原区多年平均降水入渗补给量模数为 16.58 万 m^3/km^2。平原区地下水资源模量数分布特征总体呈南部大、北部小的趋势,其分布特征与降水入渗补给量模数自南向北减少的分布趋势基本一致。驻马店市平原区地下水资源量模数见表 5-19、表 5-20 及图 5-2。

表 5-19　驻马店市平原区水资源分区地下水资源量及各项补给量模数统计

单位:万 m^3/km^2

所在水资源分区		降水入渗补给量模数	山前侧向补给量模数	地表水体补给量模数	地下水资源量模数
淮河流域	王家坝以上北岸	16.75	0.35	0.54	17.64
	王蚌区间北岸	15.30			15.30
长江流域	唐白河	13.28		0.86	14.15
	合计	16.58	0.35	0.54	17.39

表 5-20　驻马店市平原区各县(区)地下水资源量及各项补给量模数统计

单位:万 m^3/km^2

县(区)	降水入渗补给量模数	山前侧向补给量模数	地表水体补给量模数	地下水资源量模数
泌阳县	13.28	0	0.86	14.15
平舆县	16.16	0	0.67	16.83
确山县	17.09	2.16	0.94	20.19
汝南县	16.26	0	1.42	17.68

续表 5-20

县（区）	降水入渗补给量模数	山前侧向补给量模数	地表水体补给量模数	地下水资源量模数
上蔡县	15.40	0	0	15.40
遂平县	16.49	1.34	0.24	18.07
西平县	16.61	0.04	0	16.65
新蔡县	17.40	0	0.31	17.71
驿城区	16.66	1.37	0.72	18.75
正阳县	17.51	0	0.35	17.86
合计	16.58	0.35	0.54	17.39

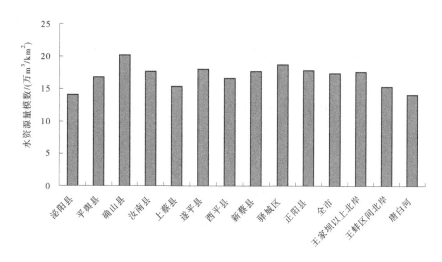

图 5-2 驻马店市平原区地下水资源量模数统计

王家坝以上北岸平原区，地下水资源量模数在 16 万 ~ 18 万 m^3/km^2，其中正阳—确山—新蔡一带较大；王蚌区间北岸平原区地下水资源量模数在 15 万 m^3/km^2 左右；唐白河平原区地下水资源量模数较小，在 14 万 m^3/km^2 左右。

5.4.2 补给结构

驻马店市平原区地下水资源量主要包括降水入渗补给量、山前侧向补给量、地表水体补给量等补给项。全市降水入渗补给量、山前侧向补给量、地表水体补给量分别为 15.770 1 亿 m^3、0.296 0 亿 m^3、0.467 6 亿 m^3，占平原区地下水资源量的比重分别为 95.4%、1.8%、2.8%。驻马店市平原区地下水资源量组成结构见表 5-21、表 5-22、图 5-3。

表 5-21 驻马店市平原区各水资源分区浅层地下水资源量组成结构统计

所在水资源分区		地下水资源量/亿 m³				不同补给项所占比重/%		
		降水入渗补给量	山前侧向补给量	地表水体补给量	合计	降水入渗补给量	山前侧向补给量	地表水体补给量
淮河流域	王家坝以上北岸	14.326 3	0.296 0	0.458 0	15.080 3	95.0	2.0	3.0
	王蚌区间北岸	1.296 5			1.296 5	100.0		
长江流域	唐白河	0.147 3		0.009 6	0.156 9	93.9		6.1
合计		15.770 1	0.296 0	0.467 6	16.533 7	95.4	1.8	2.8

表 5-22 驻马店市平原区行政分区浅层地下水资源量组成结构统计

县(区)	地下水资源量/亿 m³				不同补给项所占比重/%		
	降水入渗补给量	山前侧向补给量	地表水体补给量	合计	降水入渗补给量	山前侧向补给量	地表水体补给量
泌阳县	0.147 3		0.009 6	0.156 9	93.9		6.1
平舆县	1.821 3		0.075 9	1.897 2	96.0		4.0
确山县	0.903 8	0.114 0	0.049 9	1.067 8	84.6	10.7	4.7
汝南县	2.021 2		0.177 0	2.198 2	91.9		8.1
上蔡县	2.072 7			2.072 7	100.0		
遂平县	1.255 4	0.102 0	0.018 0	1.375 4	91.3	7.4	1.3
西平县	1.486 9	0.004 0		1.490 9	99.7		
新蔡县	2.224 4		0.039 6	2.264 0	98.3		1.7
驿城区	0.926 3	0.076 0	0.040 1	1.042 5	88.9	7.3	3.9
正阳县	2.910 7		0.057 5	2.968 2	98.1		1.9
合计	15.770 1	0.296 0	0.467 6	16.533 7	95.4	1.8	2.8

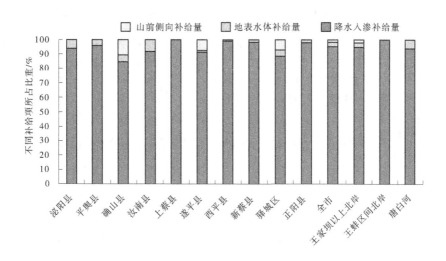

图 5-3 驻马店市平原区浅层地下水资源量组成结构

5.4.2.1 降水入渗补给量占比分布特征

平原区降水入渗补给量占比的分布大致特征是东部大、西部小。上蔡县、平舆县、西平县、新蔡县、正阳县降水入渗补给量占比在 95% 以上,遂平县、汝南县、泌阳县降水入渗补给量占比在 90% 以上,驿城区和确山县降水入渗补给量占比小于 90%。

5.4.2.2 山前侧向补给量占比分布特征

山前侧向补给量分布在王家坝以上北岸区的伏牛山麓确山—遂平—驿城区—西平一带。驻马店市山前平原侧向补给量占比不大,其中确山县占比 10.7%,遂平县和驿城区占比在 7% 左右,西平县山前平原侧向补给量占比不足 1%。

5.4.2.3 地表水体补给量占比分布特征

地表水体补给量主要包括河道水库渗漏、地表水灌溉补给量。市辖王家坝以上北岸区、唐白河区的地表水体补给量占比分别为 3.0%、6.1%。汝南县地表水体补给量占比最大,为 8.1%;泌阳县次之,为 6.1%;其他县(区)均小于 5%。

5.4.3 排泄结构

5.4.3.1 山丘区地下水排泄结构分析

驻马店市山丘区地下水资源量排泄量主要由天然河川基流量、人工开采净消耗量、山前侧向流出量构成。全市山丘区地下水天然河川基流量、人工开采净消耗量、山前侧向流出量分别为 3.588 9 亿 m^3、0.961 2 亿 m^3、0.296 0 亿 m^3,占总排泄量的比重分别为 74.1%、19.8%、6.1%。驻马店市山丘区地下水资源排泄量见表 5-23、表 5-24、图 5-4。

表 5-23　驻马店市山丘区水资源分区浅层地下水排泄量组成结构统计

所在水资源分区		山丘区地下水排泄量/亿 m³				各分项所占总排泄量比重/%		
		天然河川基流量	开采净消耗量	山前侧向流出量	合计	天然河川基流量	开采净消耗量	山前侧向流出量
淮河流域	王家坝以上北岸	2.301 1	0.659 8	0.296 0	3.257 0	70.6	20.3	9.1
	王蚌区间北岸							
长江流域	唐白河	1.287 7	0.301 4		1.589 2	81.0	19.0	
合计		3.588 9	0.961 2	0.296 0	4.846 1	74.1	19.8	6.1

表 5-24　驻马店市山丘区各行政分区浅层地下水排泄量组成结构统计

县（区）	山丘区地下水排泄量/亿 m³				各分项所占总排泄量比重/%		
	天然河川基流量	开采净消耗量	山前侧向流出量	合计	天然河川基流量	开采净消耗量	山前侧向流出量
泌阳县	1.903 8	0.445 6		2.349 4	81.0	19.0	
平舆县							
确山县	0.939 9	0.245 6	0.114 0	1.299 6	72.3	18.9	8.8
汝南县							
上蔡县							
遂平县	0.176 0	0.073 9	0.102 0	0.351 9	50.0	21.0	29.0
西平县	0.062 4	0.045 7	0.004 0	0.112 1	55.6	40.8	3.6
新蔡县							
驿城区	0.506 7	0.150 4	0.076 0	0.733 1	69.1	20.5	10.4
正阳县							
合计	3.588 9	0.961 3	0.296 0	4.846 1	74.1	19.8	6.1

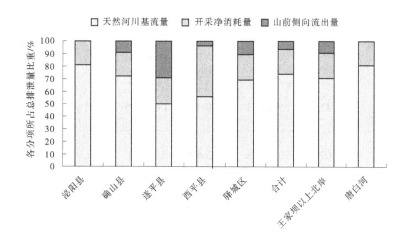

图 5-4　驻马店市山丘区浅层地下水排泄量组成结构

1. 天然河川基流量占比分布特征

山丘区天然河川基流量占比的分布总体呈自南至北逐渐减少的趋势,与其不同岩性有关。全市泌阳县山丘区天然河川基流量占比最大,为 80.1%;其次是确山县,大于70%;驿城区—遂平—西平一带的山丘区天然河川基流量占比较小,为 50%~70%。市辖王家坝以上北岸区、唐白河区的山丘区天然河川基流量占比分别为 70.6%、81.0%。

2. 开采净消耗量占比分布特征

开采净消耗量占比的分布总体均匀。因西平县降水量相对较小,浅层地下水开采量较大,净消耗量亦较大,其开采净消耗量占比全市最大,为 40.8%;驿城区、遂平县、泌阳县和确山县开采净消耗量占比均在 20% 左右。市辖王家坝以上北岸、唐白河两个水资源分区的开采净消耗量占比分别为 20.3%、19.0%。

3. 山前侧向流出量占比分布特征

山丘区山前侧向流出量占比分布特征与平原区山前侧向补给量分布特征一致,分布在王家坝以上北岸区的伏牛山麓确山—遂平—驿城区—西平一带。驻马店市山前侧向流出量占比不大,其中遂平县最大,为 29%;其次是驿城区和确山县,山前侧向流出量占比为 10% 左右;西平县山前侧向流出量占比最小,为 3.6%。

5.4.3.2　平原区地下水排泄结构分析

驻马店市平原区地下水资源量排泄主要由开采净消耗量、潜水蒸发量、河道排泄量构成。全市平原区开采净消耗量、潜水蒸发量、河道排泄量分别为 6.196 1 亿 m^3、5.788 8亿 m^3、3.804 8 亿 m^3,占总排泄量的比重分别为 39.2%、36.7%、24.1%。驻马店市平原区地下水排泄量组成结构见表 5-25、表 5-26、图 5-5、图 5-6。

表 5-25　驻马店市平原区水资源分区浅层地下水排泄量组成结构统计

所在水资源分区		地下水排泄量/亿 m³				各分项所占总排泄量比重/%		
		开采净消耗量	潜水蒸发量	河道排泄量	总排泄量	开采净消耗量	潜水蒸发量	河道排泄量
淮河流域	王家坝以上北岸	5.423 2	5.195 4	3.494 0	14.112 6	38.4	36.8	24.8
	王蚌区间北岸	0.698 9	0.525 8	0.266 6	1.491 3	46.9	35.3	17.9
长江流域	唐白河	0.074 0	0.067 6	0.044 2	0.185 8	39.8	36.4	23.8
合计		6.196 1	5.788 8	3.804 8	15.789 7	39.2	36.7	24.1

表 5-26　驻马店市平原区行政分区浅层地下水排泄量组成结构统计

县（区）	地下水排泄量/亿 m³				各分项所占总排泄量比重/%		
	开采净消耗量	潜水蒸发量	河道排泄量	合计	开采净消耗量	潜水蒸发量	河道排泄量
泌阳县	0.032 3	0.067 6	0.044 2	0.144 1	22.4	46.9	30.7
平舆县	0.937 1	0.713 6	0.353 8	2.004 5	46.8	35.6	17.7
确山县	0.148 7	0.689 6	0.329 4	1.167 8	12.7	59.1	28.2
汝南县	0.712 5	0.450 6	0.586 1	1.749 2	40.7	25.8	33.5
上蔡县	1.189 6	0.406 0	0.422 3	2.017 9	59.0	20.1	20.9
遂平县	0.363 0	0.028 4	0.364 9	0.756 3	48.0	3.8	48.2
西平县	0.763 2	0.289 4	0.282 9	1.335 5	57.1	21.7	21.2
新蔡县	0.997 0	1.974 9	0.404 7	3.376 6	29.5	58.5	12.0
驿城区	0.191 4	0.020 1	0.266 6	0.478 0	40.0	4.2	55.8
正阳县	0.861 2	1.148 7	0.749 9	2.759 8	31.2	41.6	27.2
合计	6.196 1	5.788 8	3.804 8	15.789 7	39.2	36.7	24.1

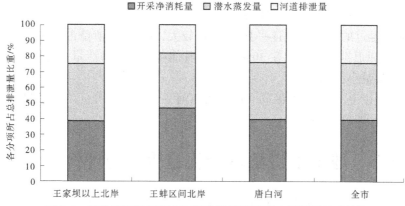

图 5-5　驻马店市平原区水资源分区浅层地下水排泄量组成结构

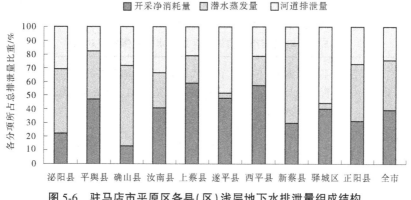

图 5-6　驻马店市平原区各县(区)浅层地下水排泄量组成结构

1. 开采净消耗量占比分布特征

开采净消耗量占比的分布特征是北部大于南部。北部的上蔡县、西平县的开采净消耗量占比最大,为 60% 左右;中部汝南县—平舆县—驿城区—遂平县开采净消耗量占比在 40%~50%;南部的正阳县、新蔡县、泌阳县开采净消耗量占比在 20%~40%;确山县开采净消耗量占比最小,为 12.7%。

市辖王家坝以上北岸、王蚌区间北岸和唐白河三个水资源分区的开采净消耗量占比分别为 38.4%、46.9%、39.8%。

2. 潜水蒸发量占比分布特征

潜水蒸发量分布特征与地下水埋深小于 4 m 的区域分布具有相关性,由南向北呈逐渐减少趋势。埋深小于 4 m 的主要分布于西平县—上蔡县—遂平县—驿城区一带,其潜水蒸发量占比较小,在 3%~22%;中部的汝南县、平舆县潜水蒸发量占比在 25%~40%;南部的泌阳县—确山县—正阳县—新蔡县一带潜水蒸发量占比较大,在 40%~60%。

市辖王家坝以上北岸、王蚌区间北岸和唐白河三个水资源分区的潜水蒸发量占比分别为 36.8%、35.3%、36.4%。

3.河道排泄量占比分布特征

河道排泄量分布特征和河道水位低于地下水位的分布具有相关性,主要分布于洪汝河干流、泌阳河经过的县(区)。遂平县、驿城区较大,其河道排泄量占比在45%~60%;汝南县、泌阳县其河道排泄量占比在30%~40%;其他各县河道排泄量占比小于30%,其中新蔡县和平舆县最小,不到20%。

市辖王家坝以上北岸、王蚌区间北岸和唐白河三个水资源分区的河道排泄量占比分别为24.8%、17.9%、23.8%。

5.5　地下水资源量变化趋势及合理性分析

本次评价的地下水资源量21.071 7亿 m³,与第二次评价的地下水资源量相比减少了0.082 6亿 m³,偏少0.4%,其中平原区减少了1.179 6亿 m³,山丘区增加了1.028 3亿 m³。王家坝以上北岸、王蚌区间北岸地下水资源量分别比二次评价减少0.353 0亿 m³、0.031 1亿 m³,唐白河区增加0.301 5亿 m³,见表5-27、图5-7~图5-9。

表5-27　驻马店市水资源分区地下水资源量成果对比　　　　　　　单位:亿 m³

所在水资源分区		平原区地下水资源量与二次评价比较差值	山丘区地下水资源量与二次评价比较差值	地下水资源量与二次评价比较差值	本次评价与二次评价比较增减幅度/%
淮河流域	王家坝以上北岸	-1.121 2	0.702 5	-0.353 0	-1.9
	王蚌区间北岸	-0.031 1		-0.031 1	-2.3
长江流域	唐白河	-0.027 3	0.325 8	0.301 5	20.9
合计		-1.179 6	1.028 3	-0.082 6	-0.4

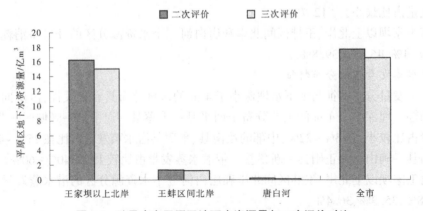

图5-7　驻马店市平原区地下水资源量与二次评价对比

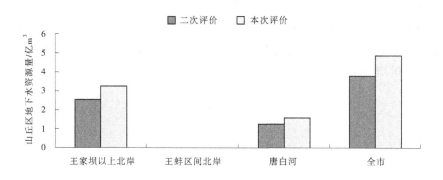

图 5-8　驻马店市山丘区地下水资源量与二次评价对比

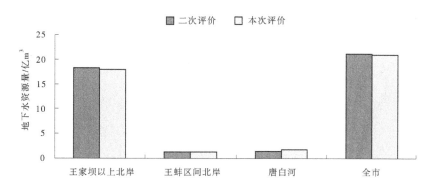

图 5-9　驻马店市地下水资源量与二次评价对比

变化原因分析:本次评价的平原区地下水资源量比第二次评价有所减少,分析其原因主要是:近 16 年来,随着降水的偏少和开采净消耗量的增加,平原区地下水位有所下降,降水入渗系数 α 值偏小,且本次评价扣除的水面和不透水面积较二次评价有所增加,造成降水入渗量减少了 1.093 2 亿 m³;另外,随着近年来灌溉方式的变化,漫灌逐渐变为喷灌和滴灌,使得地表水体补给量减少了 0.127 7 亿 m³,因此本次评价平原区地下水资源量有所减少。

山丘区地下水资源量增加的主要原因是山丘区水文站代表性及近些年来山区地下水开采净消耗量大幅增加。山丘区水文站代表性问题,由于近期水利工程的拦蓄控制,山区分割基流量时能选出代表站偏少,本次选取了驻马店市 1 个山区水文站,总控制面积只占全市山丘区面积的 9.4%。丘陵区计算资源量只能用上游山区站来类比,这种类比对未控制的下游丘陵区可能出现河川基流偏大问题,本次评价河川基流量增加 0.291 5 亿 m³。由于近年来工农业生产迅速发展,山丘区的地下水开发利用量也有大幅增加,地下水开采净消耗量也随之增加 0.695 6 亿 m³,另外山前侧渗量也增加了 0.041 3 亿 m³,因此山丘区地下水资源量较第二次评价偏多。

综上所述,本次评价与第二次评价相比,在降水量减少约 3.2% 的情况下,全市地下水资源量减少 0. 082 6 亿 m^3,即偏少 0. 4%。其中平原区减少 1. 179 6 亿 m^3,即减少 6. 7%,表明近 16 年来,随着降水的偏少和开采净消耗量的增加,地下水位有所下降,引起平原区地下水资源量减少;山丘区地下水资源量比第二次评价增加的主要原因是山区地下水开采消耗量增加及河川基流量偏大。

第 6 章　水资源总量及可利用量

水资源总量是指当地降水形成的地表和地下产水量,即地表径流量与降水入渗补给量之和。可由地表水资源量加上地下水资源与地表水资源的不重复量求得。

水资源总量计算资料系列要求反映 2001 年以来近期下垫面条件,应与地表水资源量评价同步期系列一致。

水资源总量评价应在完成地表水资源量和地下水资源量评价、分析地表水和地下水之间相互转化关系的基础上进行。提出水资源三级分区和县级行政区 1956—2016 年水资源总量系列评价成果。

分别计算三级水资源分区、县级行政区年水资源总量特征值,包括统计参数(均值、C_v 值、C_s/C_v 值)及不同频率($P = 20\%$、50%、75%、95%)的年水资源总量,分析水资源总量的时空变化特征。

6.1　水资源总量

6.1.1　分区水资源总量

6.1.1.1　计算方法

分区水资源总量可采用下式计算:

$$W_总 = R_s + P_r = R + P_r - R_g \tag{6-1}$$

式中:$W_总$ 为水资源总量,万 m^3;R_s 为地表径流量,即河川径流量与河川基流量之差,万 m^3;P_r 为降水入渗补给量,山丘区用地下水总排泄量代替,万 m^3;R 为河川径流量,即地表水资源量,万 m^3;R_g 为河川基流量,平原区为降水入渗补给量形成的河道排泄量,万 m^3。

式(6-1)中各分量可直接采用地表水和地下水资源量评价的系列成果。对于某些特殊地区如岩溶山区难以计算降雨入渗补给量和分割基流的,可根据当地情况采用其他方法估算水资源总量。

山丘区水资源总量可根据山丘区河川径流量、地下水总排泄量和河川基流量,采用式(6-2)计算。

$$W_总 = R + Q_{总排} - R_g \tag{6-2}$$

式中:$Q_{总排}$ 为山丘区地下水总排泄量,即地下水资源量,包括河川基流量、山前泉水溢出量、山前侧渗流出量、潜水蒸发量和地下水开采净消耗量,单位均为万 m^3;其他符号意义同前。

对于地下水主要以河川基流形式排泄的某些南部山丘区,由于其他排泄量相对较小,可将河川径流量近似作为水资源总量。

北部平原区水资源总量也可根据平原区河川径流量、降水入渗补给量和平原河道排

泄量,采用式(6-3)、式(6-4)计算:

$$W_总 = R + P_r - Q_{Pr} \tag{6-3}$$

$$Q_{Pr} \approx Q_{河排} \times (P_r/Q_{总补}) \tag{6-4}$$

式中:Q_{Pr}为降水入渗补给量所形成的河道排泄量,万 m³;$Q_{河排}$为平原河道的总排泄量,万 m³;$Q_{总补}$为地下水的总补给量,万 m³。

南部平原区水资源总量也可采用河川径流量加不重复量的方法,按式(6-5)、式(6-6)计算水资源总量。

$$W_总 = R + Q_{不重复量} \tag{6-5}$$

$$Q_{不重复量} \approx (E_旱 + Q_{采耗}) \times (P_{r旱}/Q_{旱总补}) \tag{6-6}$$

式中:$Q_{不重复量}$为地下水资源与地表水资源的不重复量,万 m³;$E_旱$为旱地和水田旱作期的潜水蒸发量,万 m³;$Q_{采耗}$为浅层地下水开采净消耗量,万 m³;$P_{r旱}$为旱地和水田旱作期的降水入渗补给量,万 m³;$Q_{旱总补}$为旱地和水田旱作期的总补给量,万 m³,即降水与灌溉入渗补给量之和,万 m³。

6.1.1.2 水资源分区成果

驻马店市 1956—2016 年系列多年平均水资源总量 48.641 3 亿 m³。其中,王家坝以上北岸为 41.746 4 亿 m³,王蚌区间为 2.323 2 亿 m³,唐白河为 4.571 7 亿 m³。

驻马店市 1956—2000 年系列多年平均水资源总量 49.699 3 亿 m³。其中,王家坝以上北岸为 42.413 9 亿 m³,王蚌区间为 2.393 2 亿 m³,唐白河为 4.892 2 亿 m³。驻马店市多年水资源总量及特征值成果见表 6-1。

6.1.1.3 行政分区成果

驻马店市各县(区)本次评价 1956—2016 年、1956—2000 年、1980—2016 年系列水资源总量及特征值成果见表 6-2。

6.1.1.4 与二次评价成果对比

本次评价 1956—2016 年系列,全市多年平均水资源总量为 48.641 3 亿 m³(见表 6-3),与二次评价成果相比减少了 0.846 3 亿 m³,减少幅度为 1.7%。市辖水资源分区:王家坝以上北岸多年平均水资源总量为 41.746 4 亿 m³,与二次评价成果相比减少了 0.960 1 亿 m³,减少幅度为 2.2%;王蚌区间北岸多年平均水资源总量为 2.323 2 亿 m³,与二次评价成果相比减少了 0.028 8 亿 m³,减少幅度为 1.2%;唐白河多年平均水资源总量为 4.571 7 亿 m³,与二次评价成果相比增加了 0.142 6 亿 m³,增加幅度为 3.2%。

6.1.2 水资源总量变化趋势

水资源是指可利用或有可能被利用的水源,这个水源应具有足够的数量和合适的质量,并满足某一区域在一段时间内具体利用的需求。

研究表明,气候变化和人类活动已成为影响水循环过程及水资源演变规律的两大关键因素。在全球变暖的大背景下,河南省的气候正在发生改变,进而影响水资源量的多少。此外,受到城市化、农田灌溉、退耕还林等人类活动的影响,水资源的演变趋势也在发生变化。

表 6-1　驻马店市水资源分区水资源总量及特征值成果

所在水资源分区		计算面积/km²	统计年限	年数	统计参数			不同频率水资源总量/万 m³				
					年均值/万 m³	C_v	C_s/C_v	$P=20\%$	$P=50\%$	$P=75\%$	$P=95\%$
淮河流域	王家坝以上北岸	12 499	1956—2016 年	61	41.746 4	0.57	2.0	59.484 7	37.247 9	24.111 8	11.463 0
			1956—2000 年	45	42.413 9	0.59	2.0	60.783 2	37.625 0	24.056 6	11.158 6
			1980—2016 年	37	40.809 6	0.58	2.0	58.363 3	36.278 8	23.300 7	10.905 7
	王蚌区间北岸	963	1956—2016 年	61	2.323 2	0.50	3.5	3.124 8	2.045 1	1.472 5	1.010 4
			1956—2000 年	45	2.393 2	0.50	3.5	3.217 8	2.107 7	1.518 5	1.042 2
			1980—2016 年	37	2.180 5	0.50	3.5	2.894 4	1.875 8	1.383 1	1.045 0
长江流域	唐白河	1 633	1956—2016 年	61	4.571 7	0.60	2.5	6.567 0	3.805 9	2.402 5	1.350 3
			1956—2000 年	45	4.892 2	0.61	2.5	7.105 2	3.975 8	2.439 9	1.357 5
			1980—2016 年	37	4.120 3	0.57	2.5	5.918 6	3.430 1	2.165 3	1.216 9
合计		15 095	1956—2016 年	61	48.641 3	0.58	2.0	69.176 5	43.098 8	27.986 7	13.823 7
			1956—2000 年	45	49.699 3	0.58	2.0	71.106 1	43.708 5	28.015 0	13.558 4
			1980—2016 年	37	47.110 4	0.58	2.0	67.176 3	41.584 7	26.849 1	13.167 7

表 6-2　驻马店市行政分区水资源总量及特征值成果

县（区）	统计年限	年数	统计参数			不同频率水资源总量/万 m³			
			年均值/万 m³	C_v	C_s/C_v	$P=20\%$	$P=50\%$	$P=75\%$	$P=95\%$
泌阳县	1956—2016 年	61	6.753 0	0.61	2.5	9.583 9	5.747 8	3.732 4	2.131 4
	1956—2000 年	45	7.186 2	0.62	2.5	10.221 9	6.092 7	3.936 0	2.240 3
	1980—2016 年	37	6.102 5	0.57	2.5	8.537 8	5.310 1	3.555 1	2.077 5
平舆县	1956—2016 年	61	4.174 7	0.65	2	6.120 3	3.608 3	2.187 4	0.910 7
	1956—2000 年	45	4.260 8	0.66	2	6.269 1	3.665 6	2.201 9	0.899 5
	1980—2016 年	37	4.123 5	0.67	2	6.094 7	3.525 9	2.093 0	0.834 2
确山县	1956—2016 年	61	5.631 1	0.57	2	8.001 1	5.038 4	3.281 3	1.578 7
	1956—2000 年	45	5.768 4	0.59	2	8.258 4	5.122 4	3.282 4	1.529 2
	1980—2016 年	37	5.373 0	0.55	2	7.580 6	4.839 1	3.197 3	1.582 7
汝南县	1956—2016 年	61	4.773 8	0.64	2	6.971 5	4.146 0	2.537 7	1.077 5
	1956—2000 年	45	4.880 1	0.64	2	7.121 8	4.241 8	2.600 7	1.108 1
	1980—2016 年	37	4.684 5	0.67	2	6.928 3	4.002 0	2.371 5	0.941 8
上蔡县	1956—2016 年	61	4.320 2	0.58	2.5	6.062 7	3.742 9	2.490 3	1.447 8
	1956—2000 年	45	4.423 0	0.59	2.5	6.231 5	3.809 1	2.513 2	1.451 5
	1980—2016 年	37	4.185 2	0.60	2.5	5.898 7	3.602 4	2.375 0	1.370 9
遂平县	1956—2016 年	61	3.771 2	0.60	2	5.433 9	3.326 3	2.101 2	0.951 3
	1956—2000 年	45	3.899 8	0.63	2	5.674 5	3.401 8	2.100 6	0.908 2
	1980—2016 年	37	3.615 9	0.61	2	5.223 4	3.180 3	1.997 4	0.893 8
西平县	1956—2016 年	61	3.578 9	0.6	2	5.148 5	3.162 1	2.004 8	0.914 3
	1956—2000 年	45	3.642 3	0.62	2	5.290 4	3.183 8	1.974 3	0.861 0
	1980—2016 年	37	3.521 4	0.59	2	5.056 7	3.117 2	1.984 3	0.912 3
新蔡县	1956—2016 年	61	4.717 7	0.57	2	6.702 8	4.221 3	2.749 4	1.323 1
	1956—2000 年	45	4.747 5	0.57	2	6.752 8	4.243 3	2.757 1	1.320 5
	1980—2016 年	37	4.653 3	0.59	2	6.665 7	4.129 7	2.642 9	1.228 2
驿城区	1956—2016 年	61	4.213 7	0.61	2	6.081 8	3.709 6	2.334 3	1.048 6
	1956—2000 年	45	4.356 8	0.63	2	6.334 9	3.803 6	2.352 7	1.020 7
	1980—2016 年	37	4.032 5	0.61	2	5.825 8	3.546 4	2.226 9	0.996 1
正阳县	1956—2016 年	61	6.706 8	0.50	2	9.240 5	6.160 2	4.258 7	2.300 6
	1956—2000 年	45	6.534 2	0.49	2	8.982 1	6.012 0	4.173 4	2.272 3
	1980—2016 年	37	6.818 7	0.51	2	9.457 7	6.230 8	4.255 1	2.245 6

表 6-3 本次评价驻马店市 1956—2016 年平均水资源总量成果 单位:亿 m³

项目	年均水资源总量
地表水资源量	34.871 7
地下水资源量	21.071 7
重复计算量	7.302 1
水资源总量	48.641 3

通过前面分析可知,本次评价 1956—2016 年系列,驻马店市多年平均水资源总量与二次评价成果相比减少了 1.7%。其中,王家坝以上北岸、王蚌区间北岸水资源分区别减少了 2.2%、1.2%;唐白河区由于降水量均值相比二次评价有所增加,水资源总量增加了 3.2%。

为分析驻马店市水资源总量演变趋势,从 1956 年开始,每 5 年计算一次水资源总量的平均值,并分别用此平均值减去多年均值(1956—2016 年系列),从而得到驻马店市水资源总量每 5 年均值与多年平均差值表,绘制差值变化过程线。

通过分析图形可以发现,1956—2016 年系列,从总体上看,驻马店市水资源总量呈减少趋势,尤其是 1986 以来减小趋势尤为明显,其中 1986—1990 年、1991—1995 年、2011—2016 年几个系列减小程度最大。市辖水资源分区:王家坝以上北岸下降趋势较为明显,王蚌区间北岸呈略微下降趋势,唐白河区则下降和增多系列交替出现。驻马店市水资源总量变化趋势见表 6-4、图 6-1、图 6-2。

表 6-4 驻马店市水资源总量每 5 年均值与多年平均差值

序号	每 5 年系列	分区水资源总量 5 年平均值与多年均值差值/亿 m³			
		王家坝以上北岸	王蚌区间北岸	唐白河区	全市
1	1956—1960 年	2.150 2	0.234 3	0.413 6	2.798 1
2	1961—1965 年	9.161 5	1.163 2	1.829 1	12.154 0
3	1966—1970 年	−5.780 4	−0.500 1	−0.645 0	−6.925 3
4	1971—1975 年	8.744 7	0.297 4	1.722 9	10.765 0
5	1976—1980 年	−4.920 6	−0.034 7	0.363 4	−4.591 8
6	1981—1985 年	15.853 9	0.794 3	1.155 0	17.803 3
7	1986—1990 年	−7.686 5	−0.492 4	−0.453 3	−8.632 1
8	1991—1995 年	−16.034 8	−0.771 6	−1.586 9	−18.393 2
9	1996—2000 年	4.519 3	−0.061 3	0.085 5	4.543 6
10	2001—2005 年	9.854 7	0.504 9	0.101 6	10.461 3
11	2006—2010 年	3.746 5	−0.267 3	−0.036 8	3.442 4
12	2011—2016 年	−16.340 6	−0.722 7	−2.457 5	−19.520 7

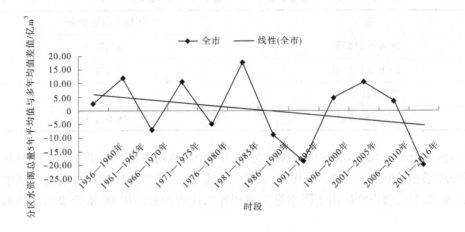

图 6-1 驻马店市水资源总量每 5 年均值与多年均值差值变化

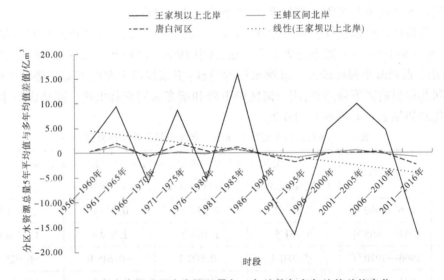

图 6-2 各水资源分区水资源总量每 5 年均值与多年均值差值变化

6.2 水资源可利用量

水资源可利用量是从资源利用的角度,分析流域及河流水系可被河道外消耗利用的水资源量,水资源可利用量评价主要包括地表水资源可利用量、地下水资源可开采量和水资源可利用总量三方面的工作。

6.2.1 地表水资源可利用量

6.2.1.1 地表水资源可利用量计算方法

地表水资源可利用量指在可预见的时期内,在统筹考虑生活、生产和生态环境用水,协调河道内与河道外用水的基础上,通过技术可行的措施在现状下垫面条件下的当地地表水资源量中可供河道外利用的最大水量。回归水重复利用量、废污水、再生水等水量不计入本地地表水资源可利用量。

多年平均地表水资源可利用量为地表水资源量扣除河道内生态环境需水量后的水量,采用下式计算:

$$W_{地表水资源可利用量} = W_{地表水资源量} - W_{生态环境需水量} \tag{6-7}$$

式中: $W_{地表水资源量}$ 为多年平均地表水资源量; $W_{生态环境需水量}$ 为河道内生态环境需水量。

河道内生态环境需水量包括河道内基本生态环境需水量和河道内目标生态环境需水量。河道内基本生态环境需水量是指维持河流、湖泊基本形态、生态基本栖息地和基本自净能力需要保留在河道内的水量及过程;河道内目标生态环境需水量是指维持河流、湖泊、生态栖息地给定目标要求的生态环境功能,需要保留在河道内的水量及过程;其中给定目标是指维持河流输沙、水生生物、航运等所对应的功能。河道内生态环境需水量按照《河湖生态环境需水计算规范》(SL/Z 712—2021)计算或采用水资源综合规划确定的成果。

在估算多年平均地表水资源可利用量时,河道内生态环境需水量应根据流域水系的特点和水资源条件进行确定。对水资源较丰沛、开发利用程度较低的地区,生态环境需水量宜按照较高的生态环境保护目标确定。对于水资源紧缺、开发利用程度较高的地区,应根据水资源条件合理确定生态环境需水量。

水资源可利用量一般应在长系列来水基础上,扣除相应的河道内生态环境需水量,结合可预见时期内用水需求和水利工程的调蓄能力进行调节计算。因资料条件所限难以开展长系列水资源调算的,可参考相应河流水系的流域综合规划或中长期供求规划,依据规划中提出的生态保护目标和供水(含调水)工程布局,核算调蓄能力,综合分析确定。

控制节点生态环境需水量计算方法包括河道内生态环境需水量计算方法和河道外生态环境需水量计算方法。考虑到实际情况,本次评价只对河道内生态环境需水量进行分析,河道外生态环境需水量不予考虑。河道内生态环境需水量计算方法可采用水文综合法。

根据节点类型和水文资料情况,水文综合法可以分为排频法、近 10 年最枯月平均流量(水位)法、蒙大拿法、历时曲线法、入海水量法和水量平衡法。排频法和近 10 年最枯月平均流量(水位)法主要用来计算基本生态环境需水量中的最小值,蒙大拿法和历时曲线法可用来计算基本生态环境需水量和目标生态环境需水量的年内不同时段值,入海水量法用来计算河口的生态环境需水量。本次评价主要采用排频法和蒙大拿法。

排频法以节点长系列天然月平均流量、月平均水位或径流量为基础,用每年的最枯月排频,选择不同保证率下的最枯月平均流量、月平均水位或径流量作为节点基本生态环境需水量的最小值。

蒙大拿法亦称 Tennant 法,是依据观测资料建立的流量和河流生态环境状况之间的经验关系。用历史流量资料就可以确定年内不同时段的生态环境需水量,使用简单、方便。不同河道内生态环境状况对应的流量百分比见表 6-5。

表 6-5　不同河道内生态环境状况对应的流量百分比

不同流量百分比对应河道内生态环境状况	占年均天然流量百分比/%（10 月至翌年 3 月）	占年均天然流量百分比/%（4—9 月）
最大	200	200
最佳	60~100	60~100
极好	40	60
非常好	30	50
好	20	40
中	10	30
差	10	10
极差	0~10	0~10

从表 6-5 中第一列中选取生态环境保护目标所期望的河道内生态环境状态,第二、三列分别为相应生态环境状态下年内水量较枯和较丰时段(非汛期、汛期)生态环境流量占多年天然流量的百分比。该百分比与多年平均天然流量的乘积为该时段的生态环境流量,与时长的乘积为该时段的生态环境需水量。

该方法主要适用于北温带较大的、常年性河流,作为河流规划目标管理、战略性管理。使用时,需要对此方法在本地区的适用性进行分析和检验。

基本生态环境需水量取值范围如下:

(1)水资源短缺、用水紧张地区河流,一般在表 6-5"好"的分级之下,根据节点最小生态环境流量及径流特征,选择合适的生态环境流量百分比值。

(2)水资源较丰沛地区河流,一般在表 6-5"非常好"的分级之下取值。

(3)目标生态环境需水量取值范围,应在表 6-5"非常好"或"好"的分级之下,根据水资源特点和开发利用现状,合理取值。

该方法在众多河流运用中证实:10%的平均流量,河槽宽度、水深及流速显著减小,水生生物栖息地退化,河流底质或湿周有近一半暴露;20%的平均流量提供了保护水生栖息地的适当水量;在小河流中,年平均流量 30%的流量接近较好栖息地水量要求。

对一般河流而言,河流流量占年平均流量的 60%~100%,河宽、水深及流速为水生生物提供优良的生长环境。

河流流量占年平均流量的 30%~60%,河宽、水深及流速均佳,大部分边槽有水流,河岸能为鱼类提供活动区。

对于大江大河,河流流量占年平均流量的 5%~10%,仍有一定的河宽、水深和流速,可以满足鱼类洄游、生存和人们旅游、景观的一般要求,可作为保持绝大数水生物短时间生存所必需的最低流量。

除蒙大拿法外,还有其他一些划定参考值范围的方法。可根据这些方法设定的参考值范围确定基本生态环境需水量及目标生态环境需水量。

6.2.1.2　驻马店市地表水资源可利用量控制节点

主要河流的地表水可利用量是区域水资源可利用量评价的基础,它是以河流控制节点(水文站)的可利用量计算为基本依据。本次评价的主要河流和控制节点有:洪河(杨庄站、庙湾站、新蔡站、班台站)、汝河(薄山站、板桥站、遂平站、宿鸭湖站、沙口站)、泌阳河(泌阳站)、闾河(王勿桥站)等,全市共计评价 5 条河流和 11 个控制站,总控制面积1.36 万 km²,占全市评价面积 1.509 5 万 km² 的 90.1%。

6.2.1.3　控制节点地表水资源可利用量成果

驻马店市处于南北气候过渡地带,属于北方水资源紧缺地区,根据市内河流水文特性分析,确定汛期为 6—9 月。

近些年,部分流域机构为了加快最严格水资源管理制度的建立和实施,维护和改善流域水生态环境,对部分重要河流的重要控制节点水文站进行了河道生态水量的分析计算,其成果已经成为最严格水资源管理的重要依据,对于这部分控制节点水文站,我们直接采用相关流域机构的成果。控制节点水文站有淮河流域的班台站、长江流域的泌阳站。

班台站、泌阳站生态环境需水量分别为 2.67 亿 m³、0.18 亿 m³,流域地表水资源可利用量分别为 23.74 亿 m³、1.563 亿 m³,分别占分区水资源量的 80.7%、37.5%。

6.2.2　地下水资源可开采量

6.2.2.1　评价方法

说明驻马店市平原区地下水资源可开采量范围定义及评价方法等。

本次评价的地下水资源可开采量是指在保护生态环境和地下水资源可持续利用的前提下,通过经济合理、技术可行的措施,在近期下垫面条件下可从含水层中获取的最大水量。本书主要对平原区矿化度 $M \leqslant 2$ g/L 的浅层地下水资源可开采量进行评价。

地下水资源可开采量评价方法有水均衡法、实际开采量调查法和可开采系数法。

1. 水均衡法

基于式(6-1)的水均衡原理,计算分析单元多年平均地下水资源可开采量。

对地下水资源开发利用程度较高的地区,可在多年平均浅层地下水资源量的基础上,在总补给量中扣除难以袭夺的潜水蒸发量、河道排泄量、侧向流出量、湖库排泄量等,近似作为多年平均地下水资源可开采量,也可根据式(6-8)近似计算多年平均地下水资源可开采量。

$$Q_{可开采} = Q_{实采} + \Delta W \tag{6-8}$$

式中:$Q_{可开采}$、$Q_{实采}$、ΔW 分别为多年平均地下水资源可开采量、2001—2016 年多年平均地下水资源实际开采量、2001—2016 年多年平均地下水资源蓄变量,单位均为万 m³。

2. 实际开采量调查法

实际开采量调查法适用于地下水资源开发利用程度较高、地下水资源实际开采量统计资料较准确完整且潜水蒸发量较小的分析单元。若某分析单元,2001—2016 年期间某时段(一般不少于 5 年)的地下水埋深基本稳定,则可将该时段的年均地下水资源实际开采量近似作为多年平均地下水资源可开采量。

3. 可开采系数法

本次评价采用的是可开采系数法,按下式计算分析单元多年平均地下水资源可开采量:

$$Q_{可开采} = \rho Q_{总补} \qquad (6\text{-}9)$$

式中:ρ 为分析单元的地下水资源可开采系数;$Q_{可开采}$、$Q_{总补}$ 分别为分析单元的多年平均地下水资源可开采量、多年平均地下水资源总补给量,单位均为万 m^3。

地下水资源可开采系数 ρ 是反映生态环境约束和含水层开采条件等因素的参数,取值应不大于 1.0。结合近年来地下水资源实际开采量及地下水埋深等资料,并经水均衡法或实际开采量调查法典型核算后,合理选取地下水资源可开采系数后,再计算平原区可开采量。

6.2.2.2　地下水资源可开采量

经以上方法计算,驻马店市平原区多年平均浅层地下水资源可开采量为 12.270 0 亿 m^3。其中,市辖水资源分区:王家坝以上北岸 11.134 7 亿 m^3,王蚌区间北岸 1.014 2 亿 m^3,唐白河 0.121 1 亿 m^3。驻马店市平原区行政分区和水资源分区多年平均浅层地下水资源可开采量见表 6-6、表 6-7。

表 6-6　驻马店市平原区行政分区多年平均浅层地下水资源可开采量　　单位:亿 m^3

县(区)	地下水资源总补给量	地下水资源量	地下水资源可开采量
泌阳县	0.159 4	0.156 9	0.121 1
平舆县	2.021 7	1.897 2	1.431 1
确山县	1.082 4	1.067 8	0.765 0
汝南县	2.284 9	2.198 2	1.614 9
上蔡县	2.227 4	2.072 7	1.595 0
遂平县	1.412 2	1.375 4	0.998 1
西平县	1.578 9	1.490 9	1.115 9
新蔡县	2.396 0	2.264 0	1.703 4
驿城区	1.063 2	1.042 5	0.751 4
正阳县	3.078 7	2.968 2	2.174 3
合计	17.304 6	16.533 7	12.270 0

表 6-7　驻马店市平原区水资源分区多年平均浅层地下水资源可开采量

水资源分区	平原区面积/km^2		地下水资源总补给量/亿 m^3	地下水资源量/亿 m^3	地下水资源可开采量/亿 m^3
	合计	计算面积			
王家坝以上北岸	9 806	8 551	15.754 6	15.080 3	11.134 7
王蚌区间北岸	963	847	1.390 6	1.296 5	1.014 2
唐白河	126	111	0.159 4	0.156 9	0.121 1
合计	10 895	9 509	17.304 6	16.533 7	12.270 0

6.2.3　水资源可利用总量

水资源可利用总量是指在满足环境生态水量后可供人类利用的水资源量,由地表水资源可利用量和地下水资源可利用量组成。

地表水资源可利用量是指满足河湖生态水量后可供人类利用的水资源量,地表水资源可利用量主要受工程措施影响较大。本次根据班台、泌阳两个水文站分析计算成果,充分考虑驻马店市水利工程实际,并参考流域计算成果,确定河湖生态环境需水量占水资源总量的 27.4%。由于地表水资源处于流动过程中,本次只计算总量,不再分行政区计算。

本次评价的地下水资源量是指与当地降水和地表水体有直接水力联系、参与水循环且可以逐年更新的动态水量,即浅层地下水资源量。地下水资源可利用量是指平原区浅层地下水资源可开采量,即平原区浅层地下水资源多年平均补给量。由于山丘区地下水资源主要补给到地表水资源,在重复量计算中占比较大,本次在可利用量计算中不再考虑。深层地下水补给较慢,其可利用量本次也不考虑。

1956—2016 年驻马店市水资源可利用量 37.57 亿 m^3,其中地表水资源可利用量 25.30 亿 m^3,地下水资源可利用量 12.27 亿 m^3,见表 6-8。

表 6-8　1956—2016 年驻马店市水资源可利用量成果

水资源分类	水资源可利用量/亿 m^3	水资源总量/亿 m^3	水资源可利用量占水资源总量的百分比/%
地表水	25.30	34.871 7	72.6
地下水	12.27	21.071 7	58.2
合计总量	37.57		

6.3　全市出、入境水量

根据驻马店市水文站网分布,本次计算入境水量时选择径流代表站为杨庄站,计算出境水量时选择班台站、泌阳站、王勿桥站,然后按面积比进行放大。本次计算采用水文站实测径流量进行,计算时间系列采用 1956—2016 年,计算结果为:驻马店市多年平均入境水量为 2.53 亿 m^3,出境水量为 33.79 亿 m^3。

第7章　水资源开发利用

7.1　评价基础

7.1.1　资料来源及评价系列

水资源开发利用调查评价资料来源主要以收集整理当地历年统计年鉴、历年水资源公报以及水资源中长期规划成果资料,分析整理水资源三级区套地级行政区 2010—2016 年与用水密切关联的主要社会经济发展指标;收集当地历年水资源公报以及水中长期规划成果资料,复核并分析整理水资源三级区套地级行政区和县级行政区 2010—2016 年历年的供水量和用水量,并分析供、用水量的组成及其变化趋势。以分析整理的水资源三级区套地级行政区数据为基础,统计分析区域 2010—2016 年历年的供水量和用水量,并分析其变化趋势。

收集统计与用水密切相关的经济社会发展指标,主要包括常住人口、地区生产总值(GDP)、工业增加值、耕地面积、灌溉面积、粮食产量、鱼塘补水面积,以及大、小牲畜年末存栏数等。

本次水资源开发利用调查评价采用资料系列及评价成果系列均为 2010—2016 年共7 年资料,见表 7-1。

7.1.2　社会经济

驻马店市 2016 年全市常住人口总数 698.54 万人,其中城镇人口 278.04 万人,农村人口 420.50 万人,全市当年城镇化率 40%;地区生产总值(当年价) 1 972.99 亿元;工业增加值(当年价)667.70 亿元;耕地面积 1 418.27 万亩;有效灌溉面积 911.72 万亩,实际耕地灌溉面积 630.87 万亩;鱼塘补水面积 16.30 万亩;大牲畜年末存栏 89.94 万头,小牲畜年末存栏 760.86 万头。

从评价期内全市社会经济发展指标评价成果看,全市常住人口基本上呈先减后增趋势,其中农村人口数持续逐年下降,城镇人口数持续稳步增加,表现在全市范围内城镇化率持续增长。产值指标发展趋势均呈现增长态势,其中地区生产总值增速较快,工业增加值呈缓慢增长趋势。全市耕地面积数基本维持在 1 400 万亩左右,评价期内有微降趋势,实际耕地灌溉面积变化受降水等多种因素影响,变化无明显趋势性。牲畜养殖及鱼塘补水面积均呈现下降趋势。评价期内全市各评价指标具体变化趋势见图 7-1～图 7-5。

表 7-1 驻马店市评价期社会经济发展情况

项目	2010 年	2011 年	2012 年	2013 年	2014 年	2015 年	2016 年
城镇人口/万人	214.97	223.45	231.96	240.58	252.13	264.86	278.04
农村人口/万人	507.61	485.02	461.71	448.96	441.18	430.69	420.50
常住人口总数/万人	722.58	708.48	693.67	689.54	693.30	695.55	698.54
地区生产总值/亿元	1 053.71	1 244.77	1 373.55	1 542.02	1 691.30	1 807.69	1 972.99
工业增加值/亿元	393.04	471.28	519.09	594.90	606.48	622.90	667.70
耕地面积/万亩	1 432.62	1 429.45	1 427.35	1 424.78	1 423.43	1 420.62	1 418.27
实际耕地灌溉面积/万亩	763.32	811.06	843.85	607.92	721.58	731.52	630.87
鱼塘补水面积/万亩	20.21	20.21	26.21	23.45	19.68	18.88	16.30
大牲畜年末存栏/万头	146.32	138.55	132.72	131.51	123.39	113.49	89.94
小牲畜年末存栏/万头	832.65	849.36	867.49	839.03	828.32	782.25	760.86

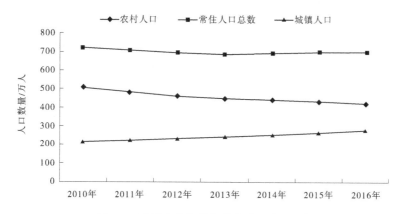

图 7-1 驻马店市评价期常住人口发展趋势

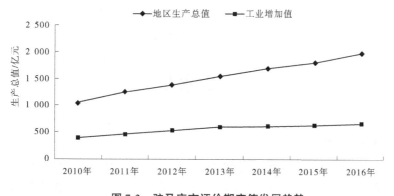

图 7-2 驻马店市评价期产值发展趋势

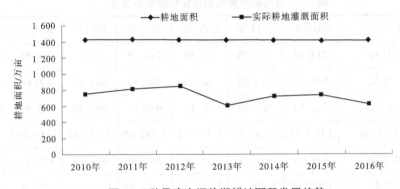

图 7-3　驻马店市评价期耕地面积发展趋势

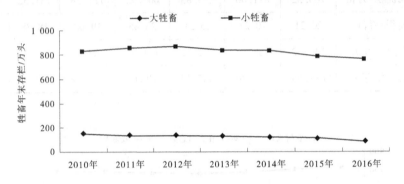

图 7-4　驻马店市评价期大小牲畜发展趋势

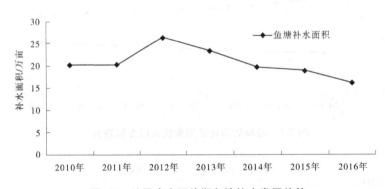

图 7-5　驻马店市评价期鱼塘补水发展趋势

7.2　供水量

7.2.1　分区现状供水量

供水量是指各种水源为河道外取用水户提供的包括输水损失在内的水量之和,按受水区统计,对于跨流域、跨省(区、市)的调水工程,以省(区、市)受水口作为供水量的计量点,水源至受水口之间的输水损失另外统计。在受水区内,按取水水源分为地表水源供水量、地下水源供水量和其他水源供水量 3 种类型统计。

地表水源供水量按蓄、引、提、调四种形式统计,为避免重复统计,规定从水库、塘坝中引水或提水均属于蓄水工程供水量;从河道或湖泊中自流引水的,无论有闸或无闸,均属引水工程供水量;利用扬水站从河道或湖泊直接取水的,均属于提水工程供水量;跨流域调水是指无天然河流联系的独立流域之间的调配水量,不包括在蓄、引、提水量中。

地下水源供水量是指水井工程的开采量,按浅层淡水和深层承压水分别统计。浅层淡水是指埋藏相对较浅,与当地大气降水和地表水体有直接水力联系的潜水(淡水)以及与潜水有密切联系的承压水,是容易更新的地下水。深层承压水是指地质时期形成的地下水,埋藏相对较深,与当地大气降水和地表水体没有密切水力联系且难以补给更新的承压水。

其他水源供水量包括污水处理回用、集雨工程利用、微咸水利用、海水淡化的供水量。污水处理回用量指经过城市污水处理厂集中处理后的直接回用量,不包括企业内部废污水处理的重复利用量;集雨工程利用量是指通过修建集雨场地和微型蓄雨工程(水窖、水柜等)取得的供水量;微咸水利用量是指矿化度为 $2 \sim 5$ g/L 的地下水利用量;海水淡化供水量是指海水经过淡化设施处理后供给的水量。

在驻马店市第三次水资源调查评价开发利用评价成果中,全市 2016 年实际供水总量为 9.466 5 亿 m^3。按供水水源分类,当地地表水源供水量为 3.810 6 亿 m^3,地下水源供水量 5.561 6 亿 m^3,其他水源供水量 0.094 3 亿 m^3,分别占总供水量的 40.3%、58.7%、1%。按供水工程分类,蓄水工程供水 2.327 6 亿 m^3,引水工程供水 0.050 0 亿 m^3,提水工程供水 1.433 0 亿 m^3,分别占总供水量的 24.7%、0.5% 和 15.1%;浅层地下水工程供水量 4.379 6 亿 m^3,深层地下水及微咸水工程供水量 1.182 0 亿 m^3,分别占总供水量的 46.3% 和 12.5%,其他水源工程供水量 0.094 3 亿 m^3,占总供水量的 1%。在供水结构上,全市以开采地下水源供水为主,当地地表水源供水次之,二者占当年供水总量的 99%,其余供水量污水处理回用量占比较小。

从各县(区)供水结构看,西平、上蔡、平舆、正阳、新蔡、汝南和遂平等县以地下水源供水为主,其地下水源供水量均占当地总供水量的 50% 以上,其中上蔡县和西平县高达 98% 以上;驿城区、泌阳县和确山县以地表水源供水量为主,其地表水源供水量占当地供水总量的 60% 以上,其中驿城区最高达到 81.7%。驻马店市供水量评价成果按行政分区的统计见表 7-2。

本次按水资源分区统计的供水量评价成果,市辖水资源分区王家坝以上北岸、王蚌区间北岸、唐白河 2016 年供水量分别为 8.302 2 亿 m^3、0.536 3 亿 m^3、0.628 0 亿 m^3,分别占全市供水总量的 87.7%、5.7%、和 6.6%。

从供水结构上看,王蚌区间北岸全部地下水源供水;王家坝以上北岸以地下水源供水为主,占流域总供水量的 57.7%,当地地表水源供水量占流域总供水量的 41.2%,其他水源供水量比重较少,仅为 1.1%;唐白河以地表水源供水量为主,地表水源供水量占流域总供水量的 62.1%,其次是地下水开采量供水,占流域总供水量的 37.9%。驻马店市水资源三级分区 2016 年供水量统计见表 7-3。

表 7-2　驻马店市各县(区)2016 年供水量统计

单位:亿 m³

县(区)	地表水源供水量					地下水源供水量			其他水源供水量			供水总量
	蓄	引	提	调	小计	浅层	深层	小计	污水回用	雨水利用	小计	
驿城区	1.128 0		0.137 1		1.265 1	0.236 5	0.047 2	0.283 7				1.548 8
西平县	0.005 3		0.011 0		0.016 3	0.675 8	0.125 6	0.801 4				0.817 7
上蔡县						0.905 8	0.203 8	1.109 6	0.007 2		0.007 2	1.116 8
平舆县			0.328 1		0.328 1	0.346 0	0.243 8	0.589 8				0.917 9
正阳县	0.020 0		0.280 8		0.300 8	0.541 7	0.061 7	0.603 4				0.904 2
确山县	0.352 5		0.177 5		0.530 0	0.294 5	0.048 8	0.343 3				0.873 3
泌阳县	0.422 1	0.050 0	0.191 5		0.663 6	0.381 1		0.381 1				1.044 7
汝南县	0.306 1		0.048 2		0.354 3	0.330 4	0.165 5	0.495 9	0.087 1		0.087 1	0.937 3
遂平县	0.093 6		0.202 2		0.295 8	0.346 5	0.127 0	0.473 5				0.769 3
新蔡县			0.056 6		0.056 6	0.321 3	0.158 6	0.479 9				0.536 5
合计	2.327 6	0.050 0	1.433 0		3.810 6	4.379 6	1.182 0	5.561 6	0.094 3		0.094 3	9.466 5

表 7-3　驻马店市水资源三级分区 2016 年供水量统计

单位:亿 m³

水资源三级分区	地表水源供水量				地下水源供水量			其他水源供水量			供水总量
	蓄	引	提	小计	浅层	深层	小计	污水回用	雨水利用	小计	
王家坝以上北岸	1.957 6	0.050 0	1.413 0	3.420 6	3.737 7	1.049 5	4.787 3	0.094 3		0.094 3	8.302 2
王蚌区间北岸					0.403 8	0.132 5	0.536 3				0.536 3
唐白河	0.370 0		0.020 0	0.390 0	0.238 0		0.238 0				0.628 0
合计	2.327 6	0.050 0	1.433 0	3.810 6	4.379 6	1.182 0	5.561 6	0.094 3		0.094 3	9.466 5

7.2.2　分区供水量变化情况

从驻马店市第三次水资源调查评价供水量成果看,评价期内全市年均供水量 11.232
亿 m³,供水量最大年份 2012 年供水量为 13.957 0 亿 m³,供水量最小年份 2014 年供水量
为 8.571 1 亿 m³,最大年际变幅 5.385 9 亿 m³。

从供水结构上看,评价期内全市以地下水源工程供水为主,地表水源工程次之,其他
水源工程补充。地下水源供水量的比重在评价期内平均达 76.6%,具体年份的地下水供
水量受当年降水量及时空分布影响较大,这与驻马店市作为农业大市,农田灌溉用水量占
比较大且以开采浅层地下水为主相关。地表水源供水量的比重在评价期内平均达
23.2%,地表水源工程供水量占比有逐渐增加的趋势。其他水源供水量在本市主要是污
水处理回用量,在全市总水量中所占份额很小,但近些年随着国家环保政策的实施和水
资源管理措施的加强,污水处理回用量呈增加趋势。驻马店市评价期内各水源工程供水
量情况以及变化趋势见表 7-4 及图 7-6。

表 7-4　驻马店市评价期内各水源工程供水量统计　　　　　单位:亿 m³

水源工程类型		2010 年	2011 年	2012 年	2013 年	2014 年	2015 年	2016 年
地表水源	蓄	1.298 8	1.467 9	1.509 5	1.460 8	2.421 2	2.513 6	2.327 6
	引	0.060 0	0.045 0	0.045 0	0.090 0	0.085 0	0.015 0	0.050 0
	提	0.750 6	0.970 1	0.705 5	0.236 6	0.153 0	0.599 5	1.433 0
	小计	2.109 4	2.483 0	2.260 0	1.787 4	2.659 2	3.128 1	3.810 6
地下水源	浅层	8.113 6	9.322 5	9.880 5	7.874 3	4.832 4	6.472 1	4.379 6
	深层	1.277 5	1.790 0	1.816 5	1.059 3	1.079 5	1.143 6	1.182 0
	小计	9.391 1	11.112 5	11.697 0	8.933 6	5.911 9	7.615 7	5.561 6
其他水源	污水回用						0.068 7	0.094 3
	雨水利用							
	小计						0.068 7	0.094 3
合计		11.500 5	13.595 4	13.957 0	10.721 0	8.571 1	10.812 5	9.466 5

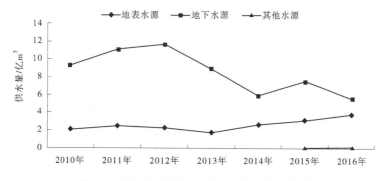

图 7-6　驻马店市不同水源工程供水量变化趋势

7.3 用水量

7.3.1 分区现状用水量

用水量是指各类河道外取用水户取用的包括输水损失在内的水量之和。按用户特性分农业用水、工业用水、生活用水和人工生态环境补水四大类进行统计。农业用水是指耕地灌溉用水、林果地灌溉用水、草地灌溉用水、鱼塘补水和牲畜用水。工业用水指工矿企业在生产过程中用于制造、加工、冷却、空调、净化、洗涤等方面的用水,按新取水量计,包括火(核)电工业用水和非火(核)电工业用水,不包括企业内部的重复利用量;水力发电等河道内用水不计入用水量。生活用水指城镇生活用水和农村生活用水,其中城镇生活用水包括城镇居民生活用水和公共用水(含建筑业及服务业用水),农村生活用水指农村居民生活用水。人工生态环境补水包括人工措施供给的城镇环境用水和部分河湖、湿地补水,不包括降水、地面径流自然满足的水量,按城镇环境用水和河湖补水两大类进行统计。

本次水资源调查评价开发利用评价有关用水量评价成果,2016 年全市实际用水总量为 9.466 5 亿 m³,其中农业用水量 6.040 5 亿 m³,工业用水量 1.281 1 亿 m³,生活用水量 1.945 3 亿 m³,生态环境用水量 0.199 6 亿 m³,各项用水量分别占总水量的 63.9%、13.5%、20.5%和 2.1%。从用水结构上看,农业用水量占全市用水总量的 60%以上,是驻马店市的主要用水行业;其次是生活用水量约占 1/5,其余是工业用水量和生态环境用水量。生态环境用水量在总用水量中比重较小,但评价期内增速较快。

从用水结构上看,农业用水量占总用水量的比例除驿城区不足 50%外,其他各县的农业用水量占总用水量的比例均在 58%以上,其中确山县最大,为 72.2%。驻马店市各县(区)2016 年行业用水量情况见表 7-5。

表 7-5 驻马店市各县(区)2016 年用水量统计   单位:亿 m³

县(区)	农业用水量	工业用水量	生活用水量	生态环境用水量	总用水量
驿城区	0.736 1	0.270 6	0.458 3	0.083 8	1.548 8
西平县	0.529 8	0.119 7	0.157 2	0.011 0	0.817 7
上蔡县	0.763 9	0.139 8	0.202 8	0.010 3	1.116 8
平舆县	0.625 3	0.137 6	0.144 0	0.011 0	0.917 9
正阳县	0.623 3	0.074 1	0.202 4	0.004 4	0.904 2
确山县	0.630 7	0.111 6	0.121 0	0.010 0	0.873 3
泌阳县	0.635 1	0.177 6	0.200 0	0.032 0	1.044 7
汝南县	0.650 4	0.122 1	0.144 8	0.020 0	0.937 3
遂平县	0.532 7	0.121 9	0.113 2	0.001 5	0.769 3
新蔡县	0.313 2	0.006 1	0.201 6	0.015 6	0.536 5
合计	6.040 5	1.281 1	1.945 3	0.199 6	9.466 5

按水资源分区统计的用水量评价成果,市辖水资源分区王家坝以上北岸、王蚌区间北岸、唐白河 2016 年用水量分别为 8.302 2 亿 m³、0.536 3 亿 m³ 和 0.628 0 亿 m³,分别占全市用水总量的 87.7%、5.7% 和 6.6%。

各水资源分区:农业用水量均占其总用水量的 50% 以上,其中王蚌区间北岸最高,达 76%;唐白河最低,为 54.6%。工业用水量占比最高的是唐白河水资源分区,为 20.5%;最低的水资源分区是王蚌区间北岸,为 1.8%。生活用水量和生态环境用水量占总用水量的比重均在 20% 左右。驻马店市各水资源三级分区 2016 年用水量情况见表 7-6。

表 7-6　驻马店市水资源三级分区 2016 年用水量统计　　单位:亿 m³

水资源三级分区	农业用水量	工业用水量	生活用水量	生态环境用水量	总用水量
王家坝以上北岸	5.289 7	1.142 7	1.702 2	0.167 6	8.302 2
王蚌区间北岸	0.407 8	0.009 4	0.119 1		0.536 3
唐白河	0.343 0	0.129 0	0.124 0	0.032 0	0.628 0
合计	6.040 5	1.281 1	1.945 3	0.199 6	9.466 5

7.3.2　分区用水量变化情况

从驻马店市本次水资源调查评价开发利用有关用水量评价成果看,评价期内全市年均用水量 11.232 0 亿 m³,评价期内全市年均供水量 11.232 0 亿 m³,供水量最大年份 2012 年供水量为 13.957 0 亿 m³,最小年份 2014 年供水量为 8.571 1 亿 m³。

从用水结构看,评价期内农业用水量占总用水量的比重平均达 72.3%,是驻马店市最大的用水行业,全市农田灌溉用水水源以开采浅层地下水为主,且受降水量及时空分布影响较大,致使评价期内全市农业用水年际间变幅较大,且变化随机性较大;其次是生活用水,评价期内生活用水量年均占比 15.2%,各年份全市生活用水量有逐渐增加趋势;工业用水量在评价期内平均占比 11.7%,其用水量年际变幅不大;环境用水在各行业用水中占比最小,平均为 0.8%,但近 3 年来随着国家环保政策的实施,驻马店市环境用水量增速很快。

总体上看,全市评价期内农业用水量随着降雨年型而变化,由于驻马店市农业用水量占总用水量的比重很大,所以全市总用水量的变化趋势基本上与农业用水变化趋势保持一致,工业用水近几年稳中有降,生活用水和生态环境补水呈逐年增长趋势。评价期内驻马店市各行业用水量及变化趋势见表 7-7 及图 7-7。

表 7-7　驻马店市评价期内各行业用水量统计　　单位:亿 m³

年份	2010 年	2011 年	2012 年	2013 年	2014 年	2015 年	2016 年
农业用水量	8.703 5	10.720 5	10.976 7	7.428 3	5.483 9	7.484 2	6.040 5
工业用水量	1.180 2	1.378 1	1.406 6	1.443 6	1.141 4	1.334 1	1.281 1
生活用水量	1.599 0	1.479 1	1.555 4	1.746 0	1.824 4	1.819 5	1.945 3
生态环境用水量	0.017 8	0.017 8	0.018 4	0.103 0	0.121 4	0.174 7	0.199 6
总用水量	11.500 5	13.595 4	13.957 0	10.721 0	8.571 1	10.812 5	9.466 5

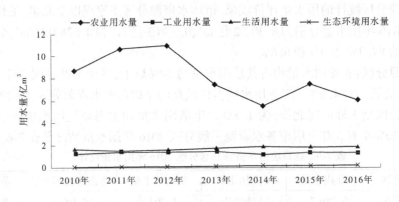

图 7-7　驻马店市评价期内不同行业用水变化

7.4　用水消耗量

用水消耗量是指取用水户在取水、用水过程中,通过蒸腾蒸发、土壤吸收、产品吸附、居民和牲畜饮用等多种途径消耗掉而不能回归到地表水体和地下含水层的水量。

农业用水耗水量包括作物蒸腾、棵间蒸发、渠系水面蒸发和浸润损失等水量;工业用水耗水量包括输水损失和生产过程中的蒸发损失量、产品带走的水量、厂区生活耗水量等;生活用水耗水量包括输水损失以及居民家庭和公共用水消耗的水量;生态环境用水耗水量包括城镇绿地灌溉输水和使用中的蒸腾蒸发损失、环卫清洁输水和使用中的蒸发损失以及河湖人工补水的蒸发和渗漏损失等。

驻马店市用水消耗量评价成果:2016 年全市总耗水量 6.332 2 亿 m³,综合耗水率为66.9%,其中农业用水耗水量为 4.724 6 亿 m³,耗水率为 78.2%;工业用水耗水量为0.370 9 亿 m³,耗水率为 29%;生活用水耗水量为 1.105 4 亿 m³,耗水率为 56.8%;生态环境用水耗水量为 0.131 3 亿 m³,耗水率为 65.8%。

7.5　用水效率与变化分析

水资源开发利用评价中,人均综合用水量、万元 GDP 用水量、万元工业增加值用水量、农田灌溉亩均用水量、人均城镇生活用水量、人均农村居民生活用水量等是反映地区综合用水水平和效率的指标。

人均综合用水量是衡量一个地区综合用水水平的重要指标,受当地气候、人口密度、经济结构、作物组成、用水习惯、节水水平等众多因素影响。驻马店市 2016 年人均综合用水量为 135.5 m³,评价期内人均用水量指标无明显变化规律性。

万元 GDP 用水量是综合反映经济社会发展水平和水资源合理开发利用状况的重要指标,与当地水资源条件、经济发展水平、产业结构状况、节水水平、水资源管理水平和科技水平等密切相关。驻马店市 2016 年万元 GDP 用水量为 52.1 m³,在评价期内该指标呈现明显的逐年下降趋势,这也与驻马店市近年来调整工业结构、科技发展、节水普及及加强用水管理等多措施实施相关。

万元工业增加值用水量是指单位工业增加值的用水量。与当地工业发展水平、节水水平、科技发展水平和水资源管理水平等众多因素相关。评价期内驻马店市万元工业增加值用水量指标呈现逐年下降趋势,2016 年驻马店市万元工业增加值用水量为17.4 m³。

农田灌溉亩均用水量是反映农业用水效率的主要指标,受种植结构、灌溉习惯、水源条件、灌溉工程设施状况、降水量及时空分布等众多因素影响,鉴于农田灌溉用水量受降水量丰枯及时空分布影响较大,评价期内农田灌溉亩均用水量指标变化随机性较大,没有明显变化趋势,2016 年驻马店市农田灌溉亩均用水量为 75.7 m³。

生活用水指标中,城镇生活用水水平与地理位置、城市规模、水资源条件、社会经济发展水平和居民节水意识、城市节水措施的普及率等多因素有关。随着驻马店市社会经济发展,人民生活水平逐年提高,多年来无论是城镇生活用水指标还是农村居民生活用水指标都是逐年增长的趋势,2016 年驻马店市城镇生活用水量为 129.0 L/(人·d),农村居民生活用水量为 54.4 L/(人·d)。

从对评价期内驻马店市各行业用水指标变化分析可以看出,农田灌溉亩均用水量指标随着降雨年型而变化,变动随机性较大,而农业用水量占总用水量的比例很大,总用水量的变化趋势与农业用水变化趋势基本保持一致,所以人均用水量指标变动无明显规律;而万元 GDP 用水量和万元工业增加值用水量指标多年来呈逐年下降趋势,生活用水指标则呈逐年增长趋势。主要用水指标见表 7-8。

表 7-8　驻马店市评价期主要用水指标统计

年份	人均综合用水量/m³	万元 GDP用水量/m³(2010 年可比价)	农田灌溉亩均用水量/m³	林果地亩均灌溉用水量/m³	牲畜日用水量/(L/头)	万元工业增加值用水量/m³(2010 年可比价)	城镇生活用水量/[L/(人·d)]	农村居民生活用水量/[L/(人·d)]
2010	159.2	109.1	88.6	171.6	22.9	30.0	70.2	57.5
2011	191.9	115.9	108.3	169.4	22.6	30.0	97.0	39.9
2012	201.2	107.8	104.6	179.6	22.8	27.1	96.8	44.7
2013	155.5	75.6	94.4	80.0	22.2	24.8	116.6	50.4
2014	123.6	55.7	59.7	114.5	16.3	18.1	110.4	57.7
2015	155.5	64.5	82.3	171.9	25.6	19.5	120.4	52.8
2016	135.5	52.1	75.7	168.3	25.3	17.4	129.0	54.4

7.6　开发利用程度

水资源开发利用程度是反映流域或区域水资源开发利用水平的一个重要指标,以水资源开发利用率表示。通常认为,水资源开发利用率是指流域或区域用水量占水资源总量的比例,体现的是水资源开发利用程度。国际上一般认为,对一条河流的开发利用不宜超过其水资源量的40%。

本次评价主要对地表水开发利用率、平原区浅层地下水开采率进行分析。地表水开发利用率为当地地表水源供水量占地表水资源量的百分比,为真实反映当地地表水资源的控制利用情况,在计算供水量时,扣除外流域调入水量并对过境水进行折算;浅层地下水开采率为浅层地下水开采量占地下水资源量的百分比。

一般来说,水资源开发利用程度与当地水资源丰沛程度、经济布局和人口密度存在正相关关系,地表水资源紧缺且经济发达、人口稠密地区的水资源开发利用程度较高,反之较低。从评价结果看,驻马店市地表水水资源开发利用率较低,地下水开采率水平中等。

7.7　水资源开发利用中存在的问题

(1)水资源禀赋条件差,供需矛盾突出。

驻马店市地处南北气候过渡地带,区域内降水和径流地域分布差异较大、时空分布不均、年际变化大。全市降水和河川径流量主要集中在汛期6—9月,连续4个月径流量占全年径流量的60%左右,且经常出现连丰连枯年份,水旱灾害频发,加剧了水资源开发利用的难度。水资源的丰枯不均、来水与用水需求不相匹配,使得水资源供需矛盾更加突出,制约了区域经济社会的可持续发展。

(2)供水结构不合理。

从供水结构变化趋势和区域水资源开发利用程度评价结果看,由于地表水资源供水条件限制,全市地表水开发利用率较低。部分县(区)供水水源受限,农业灌溉和生活用水大部分开采地下水。由于长期开采地下水,部分区域地下水位持续下降,在驿城区、遂平县、西平县部分区域形成浅层地下水超采区。

(3)水资源利用效率有待进一步提高。

驻马店市属于水资源不丰富地区,随着社会经济的发展,水资源的制约越发凸显,但在一些地方仍存在水资源浪费现象:农业灌溉存在渠系老化、渗漏严重,灌溉水利用系数偏低;城市供水中管网漏失率偏高;部分工业企业生产设施落后,水资源重复利用率偏低。

(4)水生态问题较为突出,加剧水资源短缺矛盾。

水污染防治工作虽然取得了初步成效,点源污染已基本得到较好的控制和管理,但面源污染问题日益突出,水污染形势依然严峻。部分河流存在断流情况,水生态受损严重。一些河湖无法发挥其正常的水体功能,仍然面临水质污染和流量短缺双重问题,进一步加剧了区域水资源短缺的矛盾。

第 8 章　水生态调查评价

8.1　基本规定

本次水生态调查评价主要涉及河流、湿地生态环境用水及水生态空间变化情况等内容。河流水生态调查通过分析河道内径流情势变化、河道断流情况、河流生态敏感区分布,以及河流水域岸线开发利用等情况,评价河流水生态状况及其变化原因。本次水生态调查评价重点评价 2001 年以来水生态变化情况。

8.2　河流水生态调查

8.2.1　河川径流变化

根据调查评价要求,结合驻马店市实际情况和数据支撑情况,选择流域面积较大且近二三十年来水文情势变化较大的河流开展河川径流变化情况调查。洪河是驻马店市境内的最大河流,长期年际径流变化大,本次选取洪河班台站作为控制断面进行调查评价。

从洪汝河班台站 1956—2016 年间天然径流和实测径流对比情况可以看出,全年天然径流量和实测径流量呈现波动变化,有下降趋势。实测径流量最高值出现在 1956 年,最低值出现在 1993 年。除个别年份外,天然径流量均大于实测径流量。1956—2016 年,洪汝河班台站实测径流量总体呈减小趋势。

8.2.2　主要河流断流情况

北汝河:有 3 年时间出现断流,共断流 4 次,最长断流河段长度为 59 km,年最长断流天数为 89 d,断流原因为上游天然来水不足。其中,2001 年以来断流 3 次,占总断流次数的 75%,断流天数 108 d,占总断流天数的 77.7%。从变化趋势来看,最长断流河段长度减少,但年断流天数有所增加。

洪河:有 1 年时间出现断流,总断流 1 次,最长断流河段长度为 14 km,年最长断流天数为 5 d,断流原因为上游天然来水不足。从变化趋势来看,最长断流河段长度有所减少,年断流天数有所减少。

8.2.3　河流生态敏感区分布情况

驻马店市涉及生态敏感区的河流分别是洪河、汝河、臻头河、北汝河。

8.3　生态流量(水量)保障

8.3.1　评价范围和方法

依据《水规总院关于印发〈全国水资源调查评价生态水量调查评价补充技术细则〉的通知》(水总研二〔2018〕506号),需采用1956—2016年水文系列的天然径流量分析计算生态需水目标,本次评价主要结合已有生态流量研究成果以及有1956—2016年天然径流量的水文站点作为主要控制断面开展生态需水量评价。本次生态需水量评价涉及洪汝河班台站。

本次生态需水量评价主要通过两种方式开展:一是已有生态流量研究成果的直接采用其成果;二是具有1956—2016年长系列天然径流量资料的,采用水文学方法中的Tennant法计算基本生态需水量。

Tennant法也叫蒙大拿法(Montana),是Tennant等1964—1974年对美国3个州的11条河流实施详细野外调查研究后,在196 mi(英里,1 mi=1 609.34 m)长的58个横断面上分析了38个不同流量下的物理、化学和生物信息对冷水和暖水渔业的影响后提出来的,是一种更多地依赖于河流流量统计的方法,建立在历史流量记录的基础上,将多年平均天然流量的简单百分比作为基流(见表8-1)。

表8-1　保护鱼类、野生动物、娱乐和相关环境资源的河流流量状况

流量的叙述性描述	推荐的基流标准(多年平均流量百分数)/%	
	10月至翌年3月	4—9月
极限或最大	200	200
最佳范围	60~100	60~100
极好	40	60
很好	30	50
良好	20	40
一般或较差	10	30
差或最小	10	10
极差	0~10	0~10

本次评价采用Tennant法计算时,汛期(6—9月)取多年平均流量的20%作为生态需水量,非汛期(10月至翌年5月)取多年平均流量的10%作为生态需水量。

8.3.2　重点河流控制断面生态流量(水量)目标

根据生态流量已有相关成果和 Tennant 法计算结果,确定了控制断面的基本生态需水目标,包括汛期、非汛期不同时段值、生态基流以及敏感期生态需水量等相关目标值。

依据生态需水量已有计算结果,部分控制断面分别利用 1956—2016 年和 1980—2016 年两个水文系列计算了生态需水量,对比两个时段计算结果,1956—2016 年较长水文系列计算的结果都大于 1980—2016 年水文系列计算结果,主要原因是长系列的水文数据都为天然径流量,1980 年前时段河流的天然径流量要大于 1980 年后时段河流的天然径流量,因此 1956—2016 年系列的水文数据更大,计算所得的生态需水结果也更大。为进一步保障河流生态流量,建议采用 1956—2016 年水文系列计算结果。

8.3.3　基本生态需水满足程度评价

依据基本生态需水计算结果,结合河流控制断面实际流量情况,对基本生态需水满足程度进行了评估,评估方法如下:

$$生态需水满足程度 = \frac{实测径流}{生态需水目标} \times 100\% \tag{8-1}$$

若实测径流量大于生态需水目标,则生态需水满足程度为 100%;若实测径流量小于生态需水目标,则生态需水不满足。依据上述方法对基本生态需水满足程度进行了评估,班台站生态需水满足程度为 100%。

8.3.4　生态需水不能保障的原因分析

水资源自然禀赋情况、水资源开发利用程度及效率、河川径流情势变化及现有水库闸坝调度运行管理方式都影响着河流生态需水是否能够满足。结合水资源调查评价相关成果,分析河流生态需水不能满足的主要原因如下:

(1)水资源总量和地表水资源总量呈下降趋势,从总量上难以保障生态需水。

根据水资源总量和地表水资源总量变化趋势可知,驻马店市多年平均(1956—2016 年)水资源总量和地表水资源量,比第二次评价都有不同程度的减少,流域水资源总量和地表水资源量的减少从总量上直接导致河流生态需水保障程度降低。

(2)河道内流量减小,直接导致河流生态需水难以保障。

根据 1956—2016 年径流情势分析变化可知,天然径流和实测径流整体都呈下降趋势。河道内自身的流量逐渐减小,加之农业灌溉和景观需水等需求增加,加大河流生态需水的保障难度。

8.3.5　生态需水不满足对河流生态系统的影响

河道基本生态需水量是指为维系和保护河流的最基本生态环境功能不受破坏,必须在河道内保留的最小水量的阈值。若河道生态基流或河道基本生态需水不能满足,首先对于水环境质量改善方面来讲,水体自净能力的强弱与水量的大小有直接关系。以一条河流为例,排入水体污染物总量不变,如果能够加大河流的水量,就可以大大增强水体的自净能力,起到提高水质的效果,若基本生态需水难以保障,则河流自净能力也弱化。其次,保障一定的生态水量,也是河流或者湖泊维持生态平衡的前提条件。水体中的水生动物、植物以及河流底泥中的微生物群落,甚至岸边的芦苇、杂草等都是整个水生态系统的一部分,水量难以保障,则水生生物赖以生存的环境不存在,导致生态系统失衡,难以发挥正常的生态系统功能。

第9章　水资源综合评价

9.1　水资源数量

9.1.1　降水、蒸发

驻马店市多年平均降水量894.6 mm,折合降水总量135.04亿 m³。各县(区)降水量介于800~1 000 mm,上蔡县降水量最小,为812 mm;确山县降水量最大,为948 mm。降水量大致呈现自东北向西南递增的规律。

全市平均年蒸发量876.6 mm,各县(区)年蒸发量在840~950 mm,平舆县最大,为933.1 mm;遂平县最小,为842.1 mm,呈现自南往北递增的规律,即较干旱的北部水面蒸发量大于较湿润的南部的水面蒸发量。各县(区)多年平均干旱指数在0.85~1.11,自南向北递增。

9.1.2　地表水资源量

驻马店市多年平均地表水资源量为34.871 7亿 m³,折合径流深231.0 mm,年最大地表水资源量为1956年的99.127 9亿 m³,年最小地表水资源量为1966年的4.206 6亿 m³,倍比为23.6。其中,确山县、驿城区、泌阳县地表水资源量较丰富,径流深大于260 mm;新蔡县和上蔡县地表水资源量较少,径流深小于200 mm;其余各县径流深在200~250 mm。从全市范围来看,南部地表水资源量较北部丰,地表水资源量总体自西南向东北递减。

9.1.3　地下水资源量

驻马店市多年平均地下水资源量21.071 7亿 m³,其中平原区地下水资源量16.533 7亿 m³,山丘区地下水资源量4.846 1亿 m³,山丘区与平原区之间地下水的重复计算量为0.308 1亿 m³。各县(区)中,正阳县地下水资源量最多,为2.968 2亿 m³;西平县地下水资源量最少,为1.599亿 m³。

地下水资源模数分布特征总体呈南部大、北部小的趋势,其分布特征与降水入渗补给量模数自南向北减少的分布趋势基本一致。

9.1.4　水资源总量

驻马店市多年平均水资源总量48.641 3亿 m³。各县(区)水资源总量泌阳县最大,为6.753亿 m³;西平县最小,为3.579亿 m³,大致呈现自东北向西南递增的规律。

9.1.5　水资源可利用量

驻马店市多年平均水资源可利用量 37.57 亿 m^3,其中地表水资源可利用量 25.30 亿 m^3,地下水资源可开采量 12.27 亿 m^3。

9.2　水资源量演变情势分析

本次评价 1956—2016 年系列与第二次评价 1956-2000 年系列相比,驻马店市多年平均降水量、地表水资源量、地下水资源量、水资源总量以及单站水面蒸发量总体均呈减少趋势。

9.2.1　降水

多年平均降水量由 896.6 mm 减少到 894.6 mm,减少了 2 mm,减少幅度为 0.22%。

9.2.2　地表水资源量

驻马店市 1956—2016 年系列,全市多年平均地表水资源量为 34.871 7 亿 m^3,与二次评价成果 36.279 3 亿 m^3 相比,减少了 1.407 6 亿 m^3,减少幅度为 3.88%,全市地表水资源量呈减少趋势。

9.2.3　地下水资源量

驻马店市 1956—2016 年系列,多年平均地下水资源量 21.071 7 亿 m^3,与第二次评价的地下水资源量相比减少了 0.082 6 亿 m^3,减少幅度为 0.4%。

9.2.4　水资源总量

驻马店市多年平均水资源总量与二次评价成果相比,减少幅度为 1.7%。

9.2.5　空间分布

从产水模数和产水系数分布来看,总体上呈现南部明显大于北部,同纬度山区大于平原的规律。

9.3　水资源开发利用状况综合评述

9.3.1　供水量

2016 年驻马店市实际供水总量为 9.466 5 亿 m^3。按供水水源分类,当地地表水源供水量为 3.810 6 亿 m^3,地下水源供水量为 5.561 6 亿 m^3,其他水源供水量为 0.094 3 亿 m^3,分别占总供水量的 40.3%、58.7%、1%。

9.3.2　用水量

2016 年驻马店市实际用水总量为 9.466 5 亿 m³,其中农业用水量 6.040 5 亿 m³,工业用水量 1.281 1 亿 m³,生活用水量 1.945 3 亿 m³,生态环境补水量 0.199 6 亿 m³,各项用水量分别占总用水量的 63.9%、13.5%、20.5% 和 2.1%。

9.3.3　用水消耗量

2016 年全市总耗水量 6.332 2 亿 m³,综合耗水率为 66.9%,其中农业用水耗水量为 4.724 6 亿 m³,耗水率为 78.2%;工业用水耗水量 0.370 9 亿 m³,耗水率为 29%;生活用水耗水量 1.105 4 亿 m³,耗水率为 56.8%;生态环境用水耗水量 0.131 3 亿 m³,耗水率为 65.8%。

9.3.4　用水效率

2016 年驻马店市人均综合用水量为 135.5 m³,万元 GDP 用水量为 52.1 m³,万元工业增加值用水量为 17.4 m³,农田灌溉亩均用水量为 75.7 m³,城镇综合生活用水指标为 129.0 L/(人·d),农村居民生活用水指标为 54.4 L/(人·d)。

9.3.5　开发利用程度

2010—2016 年驻马店市平均地表水资源量 34.871 7 亿 m³,当地地表水源平均供水量为 2.605 4 亿 m³,地表水开发利用率为 7.5%。根据本次评价地下水计算成果,河南省平原区平均浅层地下水资源量为 21.071 7 亿 m³,平原区平均浅层地下水实际开采量为 8.603 3 亿 m³,浅层地下水开采率为 40.8%。